国家示范性高职院校建设项目成果

职业道德养成与就业指导

Zhiye Daode Yangcheng yu Jiuye Zhidao

杜新安　主　编

谷　山
王　珏　副主编

高等教育出版社·北京
HIGHER EDUCATION PRESS　BEIJING

内容提要

本教材分为“三大模块”、“十五个情境”。从“模块一：职业道德素质培养”（职业道德重要性、敬业意识、奋斗意识、服务意识、质量意识、诚信意识、团队精神等），到“模块二：就业指导”（生涯规划、就业准备、应聘技巧、劳动合同等），再到“模块三：职场适应”（创新思维、职场礼仪、职场适应等）的设计思路符合学生职业成长的规律。三大模块的设置既强调了职业人的“职业道德素质”，也对学生进行了必要的就业指导，还引申到了“职场适应”的问题。教材编写以案例为主，理论知识以够用为准，给教师上课发挥留下了更多的余地。

本教材结构新颖，案例典型、活泼，可读性强。“问题讨论”部分的设置便于教师上课使用，可操作性强。

本教材适用于应用性、技能型人才培养的各类教育教材，也可作为相关行业、企业事业单位及社会培训用书。

图书在版编目（CIP）数据

职业道德养成与就业指导／杜新安主编. —北京：高等教育出版社，2010.4

ISBN 978-7-04-029005-9

Ⅰ.①职… Ⅱ.①杜… Ⅲ.①职业道德－职业教育－教材 ②职业选择－职业教育－教材 Ⅳ.①B822.9 ②G717.38

中国版本图书馆 CIP 数据核字（2010）第 034419 号

策划编辑 王　冰　**责任编辑** 杨　虹　**封面设计** 张志奇　**责任绘图** 尹文军
版式设计 王　莹　**责任校对** 金　辉　**责任印制** 韩　刚

出版发行 高等教育出版社
社　　址 北京市西城区德外大街 4 号
邮政编码 100120
总　　机 010－58581000

经　　销 蓝色畅想图书发行有限公司
印　　刷 北京民族印务有限责任公司

开　　本 787×1092 1/16
印　　张 8
字　　数 180 000

购书热线 010－58581118
咨询电话 400－810－0598
网　　址 http://www.hep.edu.cn
http://www.hep.com.cn
网上订购 http://www.landraco.com
http://www.landraco.com.cn
畅想教育 http://www.widedu.com

版　　次 2010 年 4 月第 1 版
印　　次 2010 年 4 月第 1 次印刷
定　　价 18.50 元

物料号 29005-00

前　言

高职院校强调"以就业为导向",培养学生的就业能力,加强职业道德教育与就业指导是提高学生就业能力的需要。编写《职业道德养成与就业指导》这本教材,旨在对学生进行职业道德的养成教育,让学生具备职业道德的基本素养,提高其职业道德的修养水平,从内涵上提升学生的就业能力。加强就业指导的目的在于让学生做好求职前的各项准备工作,包括教育学生树立正确的就业观,完善自己的职业生涯规划,掌握求职技巧等,从而增强学生就业的针对性和可操作性,提高就业率。

本教材(学习领域)的创新点:

第一,以新的职业教育理论为依据。在教材的编写中引进新的职业教育理念作为本教材开发的理论依据,如姜大源教授的"职业教育课程开发实践与理论"以及赵志群教授关于"职业教育基于工作过程的课程与课程开发";引入了"学习领域"、"情境设计"等的理念。

第二,在情境设计上,分为"三大模块"、"十五个情境"。从"模块一:职业道德素质培养"(职业道德重要性、敬业意识、奋斗意识、服务意识、质量意识、诚信意识、团队精神等),到"模块二:就业指导"(生涯规划、就业准备、应聘技巧、劳动合同等),再到"模块三:职场适应"(创新思维、职场礼仪、职场适应等)的设计思路符合学生职业成长的规律。这三个模块是平行递进的关系,也是本教材(学习领域)情境设计的逻辑主线。

第三,在情境设计当中,注重学生"通适能力"的培养。这种能力是指学生获得为完成今后不断发展变化的工作任务而应获得的跨专业、多功能和不受时间限制的能力,以及具有不断地克服知识老化而终身持续学习的能力。这种关键能力是从事任何职业都需要的、适应不断变换和飞速发展的科学技术所需要的一种综合职业能力。比如社会责任感、参与能力、小组工作中与人合作的能力(团队合作精神)、交流与协商的能力(社会交往能力)、自信心、成就感、诚实守信、乐于助人、环境意识和职业道德(敬业精神)及批评与自我批评的能力。我们认为还应包括意志品质、法纪意识、创新意识、心理素质、职场礼仪等能力素质。这种能力是可迁移的,可持续发展的能力。这些能力素质正是本学习领域教学目标的重要组成部分。

第四,在每一个学习情境中涉及的"知识提炼"部分,力图从"是什么、为什么、怎么做"三个层次来展开基本理论知识的构建。"是什么"讲的是含义、概念;"为什么"讲的是为什么要这样做,这么做的意义是什么;"怎么做"讲的是从哪些方面着手去做,方法是什么。

第五,教材编写以案例为主,理论知识以够用为准。在教学内容上增加了职业道德素质训练活动,如"团队精神的素质拓展训练"、"诚信演讲"、"职场礼仪表演"、"模拟招聘"等训练活动,让学生"从做中学"、"从行动中学",从而真正体现教师从知识传授者到咨询者和引导者的转变,培养学生学习的独立性。

第六,"情境15"还专门设置了职场能力测试等内容,供同学做职业生涯规划时参考。

本教材由杜新安任主编,负责教材的总体框架设计,并编写"情境11、12、13、15";谷山、王珏为副主编,谷山编写"情境1、3、5、14";王珏编写"情境4";王芳编写"情境2";孙丽萍编写"情境

6”;孙志方编写“情境7”;陈玉香编写“情境8”;马文彬编写“情境9”;汪爱卿编写“情境10”。

本教材是编者在长期的教学经验的积累以及前期“职业道德养成与就业指导”教改课题、“职业道德养成与就业指导”精品课程的基础上编写的,包含了前期北京工业职业技术学院思政部各位老师的心血,在此表示感谢!

本教材在编写过程中得到了北京工业职业技术学院领导以及教务处的大力支持,在此表示感谢!

本教材得到了北京工业职业技术学院思政部王芳主任以及各位同仁的大力支持,在此一并感谢!

由于水平有限,编写中免不了有这样或那样的不足,希望读者批评指正,请把邮件发至电子邮箱:bgydxa@126.com

北京工业职业技术学院

“职业道德养成与就业指导”学习领域编写组

2010年2月

目　录

模块一：职业道德素质培养

模块二：就业指导

模块三：职场适应

模块一：职业道德素质培养

情境1：职业道德重要性专题研讨

【情境导入】

世界顶级企业用人标准

世界顶级企业都是在世界上处于领先地位的一流企业，它们的成功很大程度上取决于员工的优良素质和条件。在选人、聘人、用人时，它们都有各自独特的要求和标准。

曼秀雷敦：重中之重是“诚信”

美国曼秀雷敦药品公司创立于1889年，产品畅销世界150多个国家，分公司遍布世界各地。在曼秀雷敦看来，“企业对员工素质的要求，有许多是一致的，比如勤奋、能吃苦、有经验、会电脑、懂英语——但最重要的是两条：诚信和能力。而重中之重是‘诚信’。个人对公司是否诚信，决定了他对公司贡献的大小和他在公司的发展；企业对消费者是否诚信决定了它的市场命运”。曼秀雷敦把员工分成四类：第一类是“人财”，意为“人”即“财富”，这类员工有诚信，对企业忠诚，能胜任工作，有创造力，这种人可为公司带来财富，不仅要留用，而且要重用；第二类是“人材”，意为“人”即“木材”，这类员工有诚信，但能力不够，需要雕琢才成器，这种人经过培养和培训后可以变成“人财”，可用；第三类是“人才”，有能力，但没有诚信，他考虑自己的利益比考虑公司的利益更多，不能赢得对方信任，这种人基本不用；第四类是“人裁”，既没有诚信也没有能力，自然在被“裁”之列。

SAP：注重发展潜力，不在乎学历学位

德国SAP公司成立于1972年，发展迅猛，很快成为全球第四大独立软件供应商，也是全球领先的企业级软件解决方案供应商。SAP看重一个人的素质潜力。在SAP看来，技术和知识都是可以经过实践来获得的，而人员的素质、品德是与生俱来的，与学历的高低并没有必然的联系。影响一个人工作表现的并不仅仅是学历和技术；还有工作的态度和敬业精神以及对企业的忠诚等。员工个人的工作表现，对整个企业的影响，往往比学历更重要。所以，SAP在招聘员工时并不在乎对方现有的学位和文凭，而更在乎他还能吸收多少新知识，还能提高多少。只要有提高的空间，进入SAP之后，经过培训、学习以及具体企业文化的熏陶，成长就有可能。

UPS：第一要求是清廉

UPS（美国联合包裹速递服务公司），创办于1907年，现在已经成为全球速递行业的“四大巨头”之一。清廉是UPS对员工素质的第一要求。为了保证员工具有较高的清廉素质，UPS着重采取了三条措施：

首先是在招聘过程中，通过“目测”和“心测”的方法来选人。君子坦荡荡，小人常戚戚。言谈举止是落落大方还是闪烁不安，很容易被经验丰富的人事经理看出来。

其次是通过试用期选人。在试用期间，公司与新人之间可以在这段时间内进一步了解对方、选择对方。

其三是采用一套行为科学的测试机制，给员工打分。清廉一时易，清廉一世难，因此，制度上的保障就显得尤为重要。“同业360度分析”这个著名的管理学原理，被UPS贯彻得忠实而又彻底。刚刚进入公司的新员工会得到一份相当专业的测评表，列举了各种指标和数据，比如核心价值观、人际能力、对环境的适应能力等。年终评奖、评花红时，这张表就是成绩单。打分的不光是一个人的上级，还包括他的同事和下级。

斯伦贝谢公司：更看重团队精神

法国斯伦贝谢公司是一家从事石油勘探以及原油开采、加工设备销售等方面业务的大型跨国公司。斯伦贝谢更看重应聘者的团队精神，认为企业分工越来越细，任何人都不可能独立完成所有的工作，他所能实现的仅仅是企业整体目标的一个小部分。因此，团队精神日益成为一个重要的企业文化因素，它要求企业分工合理，将每个员工放在正确的位置上，使他能够最大限度地发挥自己的才能，同时又辅以相应的机制，使所有员工形成一个有机的整体，为实现企业的目标而奋斗。它要求员工在具备扎实的专业知识、敏锐的创新意识和较强的工作技能之外，还要善于与人沟通，尊重别人，懂得以恰当的方式同他人合作，学会领导他人与服从他人领导。

显然世界著名企业都非常重视员工的职业道德素质。正如比尔·盖茨的十大优秀员工准则第10条要求的那样：“员工必须具备的美德是：1. 忠诚，2. 诚实，3. 守信，4. 勤奋，5. 节俭，6. 热情，7. 敬业，8. 责任心。”那么，我们在校的大学生要想把自己培养成为用人单位所需要的优秀员工，就应该从现在做起。

【问题讨论】

1. 你认为在当今现代社会企业重视员工的职业道德素质有必要吗？为什么？
2. 你认为优秀员工与其自身的职业道德素养有关系吗？举例说明。
3. 假如一名法官不讲职业道德，会怎么样？
4. 假如一名商人不讲职业道德，会怎么样？
5. 假如一名教师不讲职业道德，会怎么样？
6. 假如一名医生不讲职业道德，会怎么样？

要求分组讨论，结束后，每一组选出一个代表把各自整理好的观点讲给全班同学听，老师加以点评。

【知识提炼】

一、职业道德的含义

在学习职业道德前，我们有必要先学习一下什么是职业。所谓职业就是人们由于特定的社会分工而形成的具有专门业务和特定职责的社会活动。

职业是社会分工的产物。人类从最早的三次社会大分工开始，随着生产力的不断发展，分工越来越细，无数次的分化和组合之后形成了现代社会的上千种职业，伴随着社会科技的发展新的职业还在不断出现。人们通过各种职业活动来满足自身各方面的需要。

为了保证职业活动的正常进行，各行各业逐渐在各自的工作实践中形成了本行业的行为规范和准则。于是，职业道德就应运而生了。职业道德是一个历史范畴。它随着社会生产力的发展和社会分工的出现而产生，并随着社会生产力的提高和社会分工的发展而发展。

道德规范可以分为职业道德、社会公德和家庭美德。职业道德是指从事一定职业的人们在其特定的工作或劳动中的行为规范的总和。它是一般社会道德在职业生活中的特殊要求，带有明显的职业特征。职业有三种社会性质和地位：一是每种职业都意味着承担一定的社会责任；二是每种职业都意味着享有一定的社会权利；三是每种职业都体现着一定的利益关系。做"官"的要有"官德"，从艺的要有"艺德"，行医要有"医德"，执教要有"师德"，经商要有"商德"，等等。

职业道德养成，即职业道德的教育是养成教育，是大学生通过学习、训练、培养、自我教育、实习实训等多种形式进行养成教育，最终具备一定的职业道德素质或职业道德修养水平。

二、职业道德的重要性

自从职业产生以来，职业与职业之间、职业与社会之间就客观地形成了责、权、利相统一的各种职业规则，并为社会各行各业的人们所接纳。社会实践证明，职业道德的产生促进了社会各种职业之间，职业与社会之间的和谐发展，不断丰富和发展了人类社会的物质和文化生活。

社会生活包括职业生活、家庭生活和公共生活三个领域。对于社会来讲，人们的职业生活是最基本的实践活动。对于一个人来说，职业实践也是其全部生活的最重要的内容之一。人们要满足自身的物质、文化生活的需要，推动社会的发展，就必须从事一定的职业，其间必须遵守一定的职业道德规范。因此，在整个社会的道德体系中，职业道德占有重要的地位。良好职业道德的形成，是整个道德建设的基础。科学的职业道德观念，对于人们的职业活动具有明显的导向、调节和激励作用。

1. 职业道德是从事一定职业的人在从业过程中所应遵循的行为规范

职业道德是指在一定职业活动中应遵循的、具有自身职业特征的道德准则和规范，其形成和发展直接受到职业活动的影响，是职业活动对人们行为的客观要求。每一种职业都有它自己的生产或服务对象，都有各自活动的环境、内容和方式，都承担着不同的职业责任，不同职业的人员有不同的职业要求和不同的职业道德规范。如医生和法官的职业不同、职责不同，服务对象不同，因而各自的职业道德也各不相同。作为医生的职业道德应该是救死扶伤，实行人道主义；而法官的职业道德则是清正廉洁、秉公执法。职业道德是针对不同的职业特点，具体规定了从事不同职业的人在从业过程中应该遵循的行为规范，使从业人员明确什么样的职业行为是对的，是应该做的；什么样的职业行为是错的，是不应该做的，以此为标准，指导、约束自己的行为，以保证职业活动的正常进行。

2. 职业道德有助于改变社会风气

社会风气包含许多方面，但主要内容之一，是人们的道德行为准则、道德评价标准和道德舆论导向。社会风气的形成、发展和变化，虽然受到不同的社会、政治、经济、法律等因素的制约和影响，但道德的影响，特别是职业道德的影响，则是至关重要的。因为社会风气的好坏，大量表现在人们的职业生活和人与人的相互关系中。崇高的职业道德修养所产生的职业道德行为，能够给人以鼓舞和鞭策。如果整个社会的从业人员都能以高尚的道德风貌对待国家、集体和社会，那么，社会风气就会大为好转。

社会风气是人们精神面貌的综合反映，但归根到底是现实社会关系的综合反映。作为职业道德本身要受社会风气的制约，同时也会对社会风气产生影响。社会是一个有机的整体，各行各业相互联系。职业道德风貌本身就是社会风气的一个重要方面。人们在自己的职业活动中，能否普遍地遵守职业道德，对于社会生活的稳定，良好社会风气的形成，有着直接的关系。如果人们有高尚的职业道德，能自觉地遵循职业道德规范，彼此间互相帮助、互相支持、方便他人、热情服务，以为人民服务为自己工作的目的，那么就会产生良好的社会关系和社会道德风尚。相反，如果人们不讲职业道德，以次充好、以假乱真、玩忽职守、以权谋私，这些职业生活中的不正之风就会对社会道德风尚产生消极的影响，从而形成尔虞我诈、见利忘义等种种不良的社会现象。很显然，职业道德状况是反映整个社会精神文明发展水平的重要指标之一。

3. 职业道德能促进社会主义市场经济健康发展

社会主义市场经济的建立和发展，使人们的道德观念发生了变化，传统的义利观、效率观中与经济社会发展不相适应的内容受到挑战，与市场经济相适应的新的道德观念开始逐步确立。追求个人正当利益、重视个人价值、讲求效率、开拓创新、平等竞争、崇尚科学、尊重知识和人才的观念日益深入人心。

市场经济是法治经济，又是道德经济。我国社会主义市场经济是社会主义制度与市场机制的有机结合，市场经济的有序进行和健康发展，需要与市场经济相适应的道德秩序，是否具有良好的道德秩序，直接关系到我国社会主义市场经济体制能否确立，关系着我国经济发展的成败。市场经济道德秩序的要义是“守信”。市场机制、市场工具，诸如商品、货币、买卖、支付、借贷、合同、金融、证券、期货等，无不体现着信用关系，而市场经济本身就是信用经济，由这种信用经济的性质所规定的社会道德秩序，就是“守信”。

市场经济演进的历史告诉我们，越是竞争激烈的市场制度，越要求人们在道德上守信，排斥无信、欺诈、放纵等对市场、对社会不负责任的败德行为。道德上的无信及由此引发的道德秩序混乱，在向市场经济转轨过程中极易发生。历史上，在资本主义市场经济初期，尤其是在产业革命前的商业资本活跃时代，以“背信”为特征的海盗文化、商业欺诈等道德崩溃的现象极其普遍，它深深地腐蚀、动摇了市场经济秩序的发展。

只有当人们认识到以“守信”为特征的市场经济道德对市场经济发展的积极作用，认识到“信誉就是金钱”时，市场经济的道德秩序才能得以确立，市场经济才能走上正常的运行轨道。我国社会主义市场经济是与社会主义根本制度联系在一起的，我们的市场经济更需要“守信”，更需要道德秩序。因此，在市场经济下加强道德建设，对即将走上工作岗位的在校生进行职业道德教育是市场经济发展的需要。

4. 职业道德养成是大学生完善自我、实现人生价值的需要

职业道德养成是职业道德的养成教育；是大学生通过学习、训练、培养、自我教育、实习实训等使自己具备一定的职业道德素质或职业道德修养水平。它强调的是职业道德素质、职业道德修养的动态过程。

职业活动是人类最基本的活动，决定和制约着其他各方面的活动。社会主义职业道德不仅对提高全社会的精神文明建设水平，促进现代化建设起着十分重要的作用，而且还是从业人员形成高尚职业理想和情操的关键。职业道德是人们职业生活的指南，它使人们的道德认识得到进一步提高，使他们的道德品质逐渐成熟，从而直接影响人们的思想和行为的发展趋向。它规定具体职业的社会责任，指导人们在具体的职业岗位上确立具体的生活目标，选择具体的生活道路，形成具体的人生观和职业理想，养成良好的职业道德品质。

职业道德养成有助于大学生掌握职业道德的基本规范、基本要求及其重要性，并在将来走向工作岗位时把职业道德的基本规范应用到实践中去，干好自己的本职工作，出色地完成工作任务，所以职业道德养成是大学生完善自我、实现人生价值的需要。

三、加强职业道德建设的基本要求

著名哲学家康德说，世界上唯有两样东西能让我们的内心受到深深的震撼，一是我们头顶上灿烂的星空，二是我们内心崇高的道德法则。

在学习职业道德这门课的过程中，应全面认识和理解我国《公民道德建设实施纲要》的精神实质，按照全心全意为人民服务的精神来认识和理解职业道德的要求。

1. 树立社会主义新时代的爱岗敬业精神

爱岗敬业讲的是如何看待自己所从事的职业和岗位，认同自己职业的社会价值，自愿的在职业岗位上尽职尽责，确立强烈的职业责任感，这是职业道德的核心和基本前提。我国素有敬业乐业之说，敬业即忠于职守；乐业即热爱职业。

敬业是中华民族的传统美德，孔子曰："居处恭，执事敬，与人忠。"敬业才能爱岗，爱自己的服务对象，才能忠于职守，乐于奉献。从业者如果不认同自己职业的价值和意义，就不可能树立敬业乐业的精神。

爱岗是敬业的前提，敬业是爱岗的具体体现。在社会上，职业分工的根本意义，在于人们有组织地自己做自己的工作。每个岗位上的服务者，在别的岗位面前都是服务对象。职业分工在人格地位上都是平等的，不存在高低贵贱和根本的利害冲突。因此，每个从业者的个人发展同事业发展，人生价值的实现与现实，均可以在爱岗敬业中统一起来。敬业也就是自爱自强，主人翁意识和为人民服务精神的统一。

2. 强化诚实守信、办事公道的理念

树立诚实守信和办事公道的理念是社会主义市场经济建设和发展的客观要求。诚实守信，即诚实劳动，讲信誉，信守承诺。诚信是职业态度的起码要求。就是在从业者与服务对象之间，同行及行业之间，以诚相待，互相尊重，不弄虚作假，不搞坑蒙拐骗。中国古代贤哲劝诫人们要讲诚信。管子说："士农工商都要以诚信为本。"孔子曰："人而无信，不知其可也。"孟子则提出，"诚者天之道也，思诚者人之道也。"北宋周敦颐把诚看做"五常之本，百行之源。"古代圣贤们对诚信的评述都说明，在职业生活中，只有诚实地劳动和创造，襟怀坦白，光明正大，诚以待人，讲究信誉，才能实现崇高的职业理想和人生境界，才能促进事业兴旺发达，达到为人民服务的目的。

办事公道，即对人对事出以公心，办事公正合理，平等待人，不能从私心杂念出发，以权谋私，假公济私。永远站在绝大多数劳动群众一边，团结大多数，维护大多数群众的利益。不能"搞小圈子"，拉帮结派。

3. 强化服务群众、奉献社会的职业理念

和谐社会的精神实质是以人为本。只有树立对人民和社会高度负责的精神，社会才会形成和谐的氛围。服务群众，满足群众要求，尊重群众利益，这是职业道德的最终归宿。要有群众观点，从群众的利益和需要出发，急群众之所急，想群众之所想，便利群众，倡导便民政策，使群众得到更多的实惠。

奉献社会。人生的价值在于奉献，从事任何职业都有对社会、对他人做出奉献的责任与义务。要以"三个有利于"——有利于社会主义社会生产力的发展，有利于综合国力的增强，有利于提高人民的生活水平为准则。为满足社会需要，促进社会全面进步，要使经济效益与社会效益统一起来，把社会效益放在首位，促进社会协调发展。这是每种职业实现其特殊社会职能，体现其社会价值和意义的根本要求。

一些特殊行业、特殊岗位的职业道德明确要求从业者要比普通公民承担更大的社会责任，表现出更高的道德素质。譬如，领导干部、军人、警察、民兵预备役人员、医护人员、教师、新闻工作者等。特殊的责任，需要他们在灾难面前冲在前面，不仅是道德自律、以身作则，还有牺牲“小我”，成全或保护“大我”的职业使命。37 位来自抗震救灾一线的英模，用生动的事例证明：爱岗敬业、忠诚履责，是职业道德在社会危难时刻的体现；诚实守信、办事公道，是职业品德在社会危难时刻的彰显；服务群众、奉献社会，是职业情操在社会危难时刻的激扬。

“爱岗敬业”是处理好个人与职业关系的标尺，是全部职业道德的基础和前提。你去担任一项工作，这项工作就对你具有某种要求，作为社会中的一分子，你必须用职业道德来要求自己。这是各相关职业者应尽的社会职责，也是职业道德的内在要求。

【资料链接】

职场通行证

曾任微软全球副总裁，Google 全球副总裁的李开复博士在《给中国学生的第一封信：从诚信谈起》中讲过这样一件事：他在微软工作的时候，曾面试过一位求职者，那位求职者在技术、管理方面都相当的出色。但是，在谈论之余，那位求职者表示如果能被录取，甚至可以把在原来公司工作时的一项发明带过来。正是因为这番话，李开复没有录用他。原因是他缺乏最基本的处世准则和最起码的职业道德：“诚实”和“信用”。

李开复在信中写道：如果雇用这样的人，谁能保证他不会在这里工作一段时间后，把在这里的成果也当作所谓“业余之作”而变成向其他公司讨好的“贡品”呢？这说明：一个人品不完善的人是不可能成为一个真正有所作为的人的。

诚信是一名新人走进职场最被企业所注重的道德品质。对于初涉职场的高职毕业生来说尤其应该做到诚信求职。

高职毕业时的张某，从年前就开始为毕业后的工作四处奔波。终于有一天，他接到了一家大企业的面试通知。面试那天，他迟到了 10 分钟，却对面试他的总经理说是因为坐公交堵车。面试过程十分顺利，无论是专业知识还是能力考核，他都一一过关。张某离开时觉得信心十足，肯定能被录用。

几天后，张某却接到一纸用词委婉、不予录用的通知书。事后他了解到总经理对他的评价是：不守时、行为不良和人格有缺陷。为什么会这样？原来面试那天他是骑自行车去的，怕迟到不好交代便顺口撒了个谎。原以为无人察觉，没想到精明的总经理站在办公楼窗前，看见了他骑车的身影。

事后，张某后悔不已，对自己的行为进行了深刻的反思。他想到上学期间，他经常放松对自己的要求，迟到了，就随便找个理由“今天堵车了”；早退了，称“头疼，身体不舒服”；逃学旷课，对老师说“家里有事”；做错了事情，要么把故意说成无意，要么百般抵赖，编造各种理由为自己开脱。久而久之，就养成了随口撒谎的习惯。最终导致了被面试单位判定为“人格有缺陷”。

在一次针对高职院校学生的招聘会上，一家知名企业在 300 多封简历当中，最终挑选了两名学生。他们说相中这两名学生的理由是，简历中体现的材料没有做假，是实事求是的描述自己的能力。面试时的表现也非常诚恳，有一说一，不懂的问题也不会逞强。有很多面试者把自己的能力写得天花乱坠，结果被具体询问时，这个不会那个不会，简直是在浪费双方的时间。

企业方面说，诚信的品质比实际技术更加重要，因为学校里学的专业知识毕竟不完整，在一定程度上也缺乏实用性，一般都要到企业中经过实战操作，才会真正熟悉专业技术。这样一来，一个新人最基本的人品和素质就成了企业招聘最关注的东西之一。如果新人秉性诚实守信，那么以后的道路基本不会走歪；但是若新人原本就有点滑头耍小聪明，怎么正确引导都可能偏离轨道。

请记住：诚信是你通往职场的第一张通行证，如果没有它，即使你再有能力、有才华，也终将被拒之门外。

【能力拓展】

1. 尝试赏识你身边的人。
2. 学着让别人接纳自己的意见。
3. 学会为他人服务。
4. 讨论企业在招聘员工时为什么要重视员工的职业道德素养？

情境2：培养爱岗敬业、尽职尽责的敬业意识

【情境导入】

"差不多先生"的故事

你知道中国最有名的人是谁？

提起此人可谓无人不知，他姓差，名不多，是各省各县各村人氏。你一定见过他，也一定听别人谈起过他。差不多先生的名字天天挂在大家的口头上。

"差不多先生"的相貌和你我都差不多。他有一双眼睛，但看得不是很清楚；有两只耳朵，但听得也不是很分明；有鼻子和嘴，但对气味和口味都不是很讲究；他的脑袋也不小，但他的记性却不很精明，他的思想也不很缜密。

他常常说："凡事只要差不多，就好了。何必太认真呢？"

他小的时候，妈妈叫他去买红糖，他却买了白糖回来。妈妈骂他，他摇摇头说："红糖白糖不是差不多吗？"

他在学堂里，先生问他："直隶省的西边是哪一省？"

他说是陕西。先生说，"错了，是山西，不是陕西。"他说："陕西同山西，不是差不多吗？"

后来他在钱铺里做伙计；他也会写，也会算，只是总不会精细。十字常常写成千字，千字常常写成十字。掌柜的生气了，经常骂他。他只是笑嘻嘻地赔小心道："千字比十字只多一小撇，不是差不多吗？"

有一天，他为了一件要紧的事，要搭火车到上海去。他慢慢悠悠地走到火车站，迟了两分钟，火车已开走了。他白瞪着眼，望着远远的火车上的煤烟，摇摇头道："只好明天再走了，今天走明

天走，也差不多。可是火车公司未免太认真了。八点三十分开，同八点三十二分开，不是差不多吗？"他一面说，一面慢慢地走回家，心里总不明白为什么火车不肯等他两分钟。

有一天，他忽然得了急病，赶快叫家人去请东街的汪医生。那家人急急忙忙地跑去，一时寻不着东街的汪大夫，却把西街牛医王大夫请来了。差不多先生病在床上，知道寻错了人；但病急了，身上痛苦，心里焦急，等不得了，心里想道："好在王大夫同汪大夫也差不多，让他试试看罢。"于是这位牛医王大夫走近床前，用医牛的法子给差不多先生治病，不到一个钟头，差不多先生就不行了。

差不多先生差不多要死的时候，断断续续地说道："活人同死人也差差差不多……凡事只要差……差……不多……就……好了……何……何……必……太……太认真呢？"说完这句"格言"，他就一命呜呼了。

【问题讨论】

1. 读完"差不多先生"的故事后，你有什么感想？现实生活中是不是有许多这样的"差不多先生"？

2. 你做事是不是也经常是差不多就行了呢？

【知识提炼】

一、爱岗敬业、尽职尽责的含义

爱岗敬业、尽职尽责是社会主义职业道德所倡导的首要规范，是对人们工作态度的一种普遍要求，是职业道德的基本精神。

爱岗，就是热爱自己的本职工作，为做好本职工作尽心尽力。爱岗，是从业人员做好本职工作的诸多因素和条件中必不可少的重要前提。热爱是最好的老师，一个人只有真正热爱自己从事的职业，才能主动、勤奋地学习本职工作所需的各种知识、技能，才能花气力去掌握从事本职工作的本领，才能切实把本职工作做好。

敬业，就是要用一种恭敬严肃的态度来对待自己的职业；敬业，是从业人员在特定的社会形态中，认真履行所从事的社会义务，尽职尽责、一丝不苟的行为；敬业是职业工作者对社会和他人履行职业义务的道德责任的自觉行为和基本要求。尽职尽责，即对待工作要专心、认真、负责、兢兢业业、埋头苦干、任劳任怨，而不能偷懒耍滑、马虎草率、玩忽职守、敷衍塞责。

爱岗与敬业、尽职与尽责是相辅相成的。如果从业人员没有对自己所从事的工作的热爱，就不可能自觉地做到忠于职守。但是，只有对工作的热爱之情，没有勤奋踏实、忠于职守的实际行动，也不可能做出任何成绩来的，热爱本职工作也将成为一句空话。

■【案例1】

一个日本女大学生利用假期到"日本东京帝国饭店"打工，被分配的工作是清洗厕所。第一天当她刚把手伸进马桶刷洗时，差点呕吐。勉强撑过几日后，她决定辞职。但就在此关键时刻，大学生发现和她一起工作的一位老清洁工，居然在清洗工作完成后，从马桶里舀了一杯水喝了下去。大学生看得目瞪口呆，但老清洁工却自豪地说，经他清理过的马桶，是干净得连里面的水都可以喝下去的！

这个举动给这个大学生带来很大的启发，她感到无论干什么工作，都有更高的品质可以追寻；而工作的意义和价值在于默默从事工作的人，能否把重点放在工作本身，挖掘或创造其中的乐趣和积极性。

此后再进入厕所时，女大学生不再感到痛苦，却视其为对自我的磨炼与提升。每次清洗完马桶，她总自问："我可以从这里面舀一杯水喝下去吗？"

假期结束，当经理验收考核成果时，这名女大学生当着众人的面，从她清洗过的马桶里舀了一杯水喝了下去！这个举动同样震惊了在场的所有人，尤其是经理，他认为这名大学生是绝对必需的人才。毕业后，女大学生果然顺利进入帝国饭店工作。而凭着尽职尽责的敬业精神、凭着这种把简单的事情做好、从基层做起，37岁以前，她成为日本帝国饭店最出色的员工和晋升最快的人。37岁以后，她步入政坛，得到了当时日本首相的赏识，成为日本内阁邮政大臣。

这名女大学生就是野田圣子。

也许你觉得野田圣子太疯狂了，不可思议。我们只是希望通过野田圣子的故事告诉大家，什么叫敬业，什么叫尽职尽责。

【问题讨论】

野田圣子的故事使你想到了什么？

二、敬业——职场第一素质

敬业就是敬重自己的工作，把使命感注入自己的工作当中，并从努力工作中找到人生的意义，专心致力于自己的事业，千方百计将事情办好。其具体表现为忠于职守、尽职尽责、一丝不苟、善始善终等行为，它糅合了使命感和道德责任感。敬业精神应在当今社会发扬光大，它是成就事业的重要条件之一。

1. 敬业是对自己负责

有一匹马，它每天的任务是驮着货物，跟随主人到各地贩卖。这匹马对自己的这种生活非常不满，它总是整天抱怨不停，不是怨天气太热，就是怪东西太重，它觉得自己每天工作太辛苦，非常委屈。

有一天，这匹马驮着一大包糖，随着主人到城里去贩卖，一路上，它依然唠叨不停。当它经过一座独木桥时，一不小心就掉进河里去了。

它的主人赶紧把它拉上岸来。站起来后，它顿时觉得背上的东西轻了很多。因为糖碰到水，一大半都溶化了，这匹马认为自己是因祸得福，非常高兴。

过了几天，这匹马又经过这座独木桥，因为上次的甜头犹存心中，所以它就故意摔下河去，它一面摔下河去，一面在想，我的负载马上就可以解脱了。

谁知道，这次不但没有像上次一样减轻负重，反而加重了许多，这匹马愈想愈不对劲，就问主人这是为什么。

它的主人拍拍它的头，笑着对它说："宝贝呀，你真是自以为聪明，上一次你所背的东西是糖，糖碰到水，很容易溶解掉，所以愈来愈轻；可是，你今天背的是棉花，棉花碰到水，不但不会溶化，反而会吸收水分，所以，你会觉得愈来愈重。"

据美国一家人力资源机构调查，美国企业员工中，25%的员工是真正敬业的；50%的员工敬业水平一般；而剩下25%的员工是不敬业的，符合正态分布。该家机构还得出一个结论，美国优秀企业中，有50%～60%的员工是非常敬业的。

看一下身边的企业，你会发现每个企业都免不了有懒散、马虎，不负责任地对待自己的工作的人，除非苦口婆心或者威逼利诱地叫他完成工作，否则他只会应付一下，做做样子而已。其实这不仅是对自己的不负责任，也是对企业的不负责任，长此下去，他在别人的眼里就是一个不负责任的人，领导也不会把重要的工作交给他去办。如果公司裁员，下一个可能就是他。正所谓"今天工作不努力，明天努力找工作。"

2. 工作态度决定工作成败

敬业精神在工作中表现为一个人工作的态度，而态度直接决定了他的行为，决定了对待工作是尽心尽力，还是敷衍了事；是安于现状，还是积极进取。他的态度越积极，决心越大，对工作投入的心血就越多，从工作中获得的回报也就越多。

一个人的工作态度折射着人生态度，而人生态度决定他一生的成就。你的工作，就是你的生命的投影。它的美与丑、可爱与可憎，全都操纵于你手。一个天性乐观，对工作充满热忱的人，无论他是在洗马桶、挖土方，或者是在经营着一家大公司，都会认为自己的工作是一项神圣的天职，并怀着浓厚的兴趣，对工作充满热忱。

假使你对于工作，是被动的而非主动的，像奴隶在主人的皮鞭的督促之下；假使你对于工作感觉到厌恶；假使你对于工作没有热诚之心，不能对工作保持兴趣，而只觉得其为一种苦役，那你在工作中，一定不会有很大的作为。

有人问三个砌砖的工人："你们在做什么呢？"

第一个工人没好气地嘀咕："你没看见吗，我正在砌墙啊。"

第二个工人有气无力地说："哎，我正在做一项每小时9美元的工作呢。"

第三个工人哼着小调，欢快地说："你问我啊朋友，我不妨坦白告诉你，我正在建造这世界上最伟大的教堂！"

我们不妨设想一下他们三位的命运，前两位继续在砌着他们的砖，因为他们没有远见，对工作缺乏热情，不重视自己的工作，不会去追求更大的成就。但那位认为自己在建造世界上最伟大的教堂的工人则不一样了，他对工作充满热情和兴趣，对自己的未来也充满了信心，他一定不会永远只是个砌砖的工人，也许他已经变成了承包商，甚至变成了很有名气的建筑设计师，我们敢肯定他还会继续向上发展。因为他善于思考，当时他对于工作的热情已经明显地表现出他想更上一层楼。

3. 敬业的人讲认真

认真就是工作敬业的表现。工作认真的人，无论干什么样的工作，他都能一丝不苟、兢兢业业。认真是一种工作态度，是做事的一种方法，同时也蕴涵着一个人的处世哲学。

■【案例2】

韩宇是一名体校的学生，由于在训练中受伤，他不得已，退学了。为了减轻父母的生活负担，他摆过地摊，用机动三轮车替人拉蔬菜。后来由于他身材高大、体格强壮被人介绍到一家外资企业做门卫。这也是韩宇第一次从学校走向社会，从事一份正式的工作，所以他十分珍惜。他的传奇故事也就从这里开始了……

这家外资企业的老板几乎每天都回来得很晚，以前他回来时大门总是紧闭，当汽车喇叭响了好多次，门卫才睡眼惺忪地前来给他开门。这一天，老板又是很晚才回来，汽车刚到，不等按喇叭，大门就打开了，并听到亲切招呼自己下车的声音，老板这次看到的是一位认认真真、兢兢业业地履行职责的门卫。几个月如一日，韩宇天天进行着简单而乏味的重复性工作。

老板被感动了，这样认真，敬业的职员哪里去找？因此，他毅然让韩宇做了他私人司机。由于韩宇忠诚尽职的服务，他在老板的眼里胜似亲人。

一次，他们在公路上行驶时被大货车追尾，当时轿车失去控制被撞翻，大货车司机逃逸。韩宇在锁骨和腿骨已断的情况下，奋力地把老板从车厢里救出来，然后又爬到公路中央，挥手央求过路司机把他的老板送到医院。当公路事故处理人员到来时，韩宇因失血过多已经奄奄一息了。

老板为了感谢韩宇，就把企业的五分之一的股份送给了韩宇。一年以后，这家外资企业人事变动，韩宇的老板要回国，其职务由老板的侄子接任。韩宇的老板建议他把股份变现，然后建立一份属于自己的产业。

就这样，在朋友的帮助下，韩宇用这笔资金开了一个中等规模的酒店。他的酒店以实惠、服务热情著称，生意红红火火。就这样韩宇的生意越做越大，并发展了四个规模差不多的酒店和宾馆。

认真是一种品德，是一种无需别人监督而能将工作做到最好的良好习惯。最重要的是，认真还要有一种持之以恒的精神！

认真工作是提升自己的最佳方法。可以把工作当作你的一个学习机会，既可以从中获得很多知识，还可为日后的工作打下坚实的基础。认真工作的员工不会为自己的前途担心，到任何公司都会受到欢迎。相反，在工作中投机取巧或许能获得一时的便利，但从长远来看，却是有百害而无一利的事。

三、敬业其实并不难

1. 敬业，就从现在开始

敬业要从现在开始，要从最普通的事情开始，从基层做起，要把一件事情尽职尽责地做好。反思一下：你的作业是否独立完成，你打扫的宿舍卫生是否非常干净，老师交办的任务是否尽心去完成，从而养成敬业的习惯。

荀子说："百事之成也，必在敬之。其败也，必在慢之。"职业工作者的职业责任心，来自于其对本职工作的热爱。只要真正热爱所从事的工作，就能把智力、体力的付出看成是人生的一种乐趣，而不仅仅是谋生的手段；就能以满腔的热忱做好每一项属于自己的工作；就能在工作中焕发极大的职业进取心，产生源源不断的动力，全身心地、忘我地投入到本职工作中，积极主动地完成工作任务。热爱本职工作的人，在追求职业目标的过程中，即使遇到挫折或失败，也一定会以对事业炽热追求的精神，去克服困难，战胜险阻，不懈奋斗。

2. 让敬业成为一种习惯

当我们将敬业变成一种习惯时，就能从中学到更多的知识、积累更多的经验，就能从全身心投入工作的过程中找到快乐。敬业会得到他人的尊重。每一个职场中人，都应该磨炼和培养自己的敬业精神，因为无论你将来在什么位置或做什么工作，敬业精神都是你走向成功最宝贵的财富。

3. 爱岗才能敬业

爱岗才能敬业。热爱本职工作是敬业的前提，只有打心眼里热爱自己的岗位，才能够把工作做好。美国著名思想家巴士卡里雅说："你在哪个位置，就应该热爱这个位置，因为这里就是你发展的起点。"爱心是事业的灵魂，事业好比花的幼芽，只有用爱心的阳光去照耀，才能开出绚丽多姿的花朵。即使是在平凡的岗位上，也能创造出奇迹。只有干一行、爱一行、钻一行，才能专心致志搞好工作，干出成绩，做出效益。

爱岗敬业，还要求从业人员无论处在什么样的工作环境中，都能保持乐观向上的心理状态，以饱满、激昂的斗志，善始善终地完成所承担的任务；在从事的职业劳动过程中，做到不计较个人利害得失，苦干实干，呕心沥血。

科学实验证明，在客观条件相同的情况下，劳动质量的优劣，工作效率的高低，都是从业者的态度决定的。从业人员热爱自己的工作，以积极进取的精神兢兢业业地去从事本职工作，其工作就会做得非常出色；相反，从业者讨厌自己的工作，以消极怠工的态度去"撞钟"，那他的工作就会做得非常糟糕。

因此，爱岗敬业、尽职尽责的首要一点，就是职业工作者要热爱自己的工作岗位并有崇高的敬业精神。不论他从事的是何种工作，热爱本身就是一种驱动力，能让从业人员积极钻研业务，全身心地投入工作，对本职工作保持积极乐观的态度，怀有高度负责的精神；而不是以自己对本职工作没兴趣为借口，得过且过；也不是以本职工作经济效益低为托辞，消极怠工。

一位心理学家曾说过："对一个自己喜欢的工作，并认为它很有价值的人来说，工作便成为生活中的一个十分愉快的部分。"古往今来，无数成才成家的人，他们的事实说明，一个人只要有敬业精神，将个人精力专心致力于所从事的事业，总是会有所成就的。

4. 只有敬业　没有权威

■【案例3】

手术室里，一位年轻的女护士与一位著名的外科医生合作，担任其临时责任护士。这是她第一次上手术台进行实际操作。

手术进行了几个小时，终于要结束了。在医生即将缝合伤口时，女护士发现医生犯了一个重大的错误：手术中一共用了15块纱布，而她仔细数了托盘里的纱布，只有14块，少了一块。于是她制止了正准备缝合伤口的医生，严肃地说："我们手术总共用去了15块纱布，可我只见您取出了14块。"

医生摇摇头："纱布一块也没有漏，别耽搁时间了。"

"不，"女护士坚决地说："我可以肯定一共用了15块纱布，现在盘子里只有14块，说明还有一块没取出来，您现在不能缝合伤口。"

医生不予理睬，对其他人说道："手术一切正常，现在听我的，快缝合伤口。"

"您不能这样，"女护士叫了起来："我们必须对病人负责。"

医生脸上露出一丝笑容，他拿出了一直捏在手心的第15块纱布："从今以后，你就是我的正式助手。"医生对年轻的护士说。

对患者要有一种责任感，不能在权威面前低头，只有对服务对象负责，才能称得上是敬业。

【讨论】

动笔写下你对敬业的理解，写完后和同学们在课堂上交流一下。

5. 敬业从坚持原则开始

■【案例4】

国内一位著名的公司CEO去某电视台做嘉宾，离直播的时间只有5分钟了，他急急忙忙地从出租车中下来，走到办公楼大门前。保安客气地拦下了他，"请出示证件"。但是这位先生极不耐烦地说证件忘在公司了，就打算继续往里走。保安再次强调必须出示证件，如果没有证件就必须去前台办理访客手续。这位先生却非常愤怒地表示，自己快要迟到了，并报上自己的头衔试图给保安压力，令其妥协。然而，保安仍然坚持工作的原则，将他挡在了门外。

坚持原则也是敬业精神的一种体现。保安面对未带证件的嘉宾说"不"，是因为他坚持原则，遵守职业的纪律，是一种敬业精神的表现，是遵守职业道德的行为。敬业就要从坚持原则开始。

【资料链接】

"感动中国"2005年度人物获奖者"王顺友"

对于现在的很多的年轻人来说，可能孤独是可怕的，但是我们接下来要认识的这位邮递员，孤独是他生活的常态，他甚至会在一连十四五天的时间里只能跟自己的歌声打交道，跟身边陪伴着他的马打交道，这个时候你就会知道，孤独是让人尊敬的，孤独是伟大的。

他朴实得像一块石头。一个人一匹马，一段世界邮政史上的传奇。他过滩涉水，越岭翻山，用一个人的长征传邮万里，用20年的跋涉飞雪传心，路的尽头还有路，山的那边还是山，近邻尚得百里远，世上最亲邮递员。

如今的中国，感动人心的事迹不少，震撼人心的现象太多，但像王顺友那样普普通通的人，几十年如一日的在人烟稀少的大山深处默默奉献的人，却不得不说是一种伟大，一种平凡的伟大！

通常情况下，平凡是一种很容易被人们忘却的记忆，但当平凡变成日积月累的需要时，平凡就会深深地印刻在见证平凡的每一个人的心中，成为无法抹去的记忆，这时的平凡自然而然地就变成了一种伟大。

王顺友，一个普通的乡邮员，20年来手牵终日为伴的马，脚走崎岖不平的路，每年投递报纸8 400多份、杂志330多份、函件840多份、包裹600多件，他从没延误过一个班期，从没有丢失过一份邮件，投递准确率达100%。时至今日，王顺友已经在木里的深山里跋涉了53万里，相当于走了21趟长征。日晒、雨淋、泥石流、蚂蟥咬、野兽侵、露宿、沟饮……艰苦、孤独，还有伤病和付出生命的危险，他却一直坚持了20多年直至今日。他是铁打的吗？不是！他是钢铸的吗？也不是！他只是一个普普通通的平凡人，有妻室，有儿女，有伤心，有流泪，有寂寞，有孤独，有伤病，有痛苦，有害怕……这就是本色王顺友！那是什么支撑着他义无反顾地坚守本职工作呢？王顺友这样告诉我们：“他们（大山里的老百姓）离不开我，他们把我当成了共产党的大干部，送不送邮件也成了党管不管他们的标志。那个时候我真的觉得，自己还真的不能少。……没有一路上老乡们对我的关照，就没有我王顺友的今天。……”王顺友获得过不少的荣誉，以他平凡的人格思想决不会把荣誉作为张扬的资本，他这样说道：“我跑邮路做梦都没想到会有今天，我只想做好我该做的事。”简单朴实的话语，道出了王顺友的内心思想——为人民服务！真实无华感天动地，平凡伟大名不虚传，这就是王顺友！

“1995年冬天，像往常一样通过九十九道拐，驮邮件的骡子吃力地在前面挪动，我紧跟其后。眼看就要走出去，一只山鸡突然惊飞，吓得骡子一个劲乱踢乱跳，急得我上前拉缰绳。谁知刚一接近，骡子突然抬起后蹄朝我肚子踢来，痛得我哇哇大叫，汗水顺着额头直往下流。过了好一阵子，受惊的骡子安静下来，它回头看着我痛苦的样子，流出了眼泪，还用嘴不停蹭我的脸。我强忍着疼痛，向骡马打手势，原谅了它。在这条邮路上，它是我唯一的伙伴，也是我的亲人，我们一道忍受过孤独、寂寞、劳累。休息10多分钟后，我打起精神站起来继续赶路。一路上，疼痛有增无减，实在忍不住时就倒地休息，我捂着肚子哭着、叫着，汗水硬是把全身衣服湿透了。我边哭边走，坚持把这班邮件送完。9天后，我横搭在骡子背上回到县城，邻居陈老六开着拖拉机把我送进林业局职工医院，检查后得知，肠子被骡子踢破了。经过4个多小时的手术，肠子被剪去一截，我就这样活了过来。”

王顺友视邮件为生命，忠诚履行着一个乡邮员的职业使命。1988年那会儿，过雅砻江使用的是溜索。一次快要到岸时，挂在溜索上的绳子突然断了，王顺友从两米高的空中重重摔在岸边沙地上，邮件从背上弹出，顺水漂走。这可不得了，王顺友抓起一根树枝跳进湍急的江中将邮件捞上岸。2004年10月，王顺友送邮件到倮波乡，接连下了几天雨，大水把路冲毁，无路可走。走了20多年，第一次不能走完全程邮路，王顺友就牵着马顺着山道的斜坡上走，雨打路滑，一不小心摔得人仰马翻，头破血流，眼睛和半边脸肿得老高，制服上的肩章也不晓得掉在哪里了。回到家中，妻子见了，抱着王顺友大哭一场：“算了，你不要跑了，干脆写个申请退休，我们年龄也不小了，万一出了事情咋办嘛？”面对痛哭的妻子，王顺友一句话都说不出来。

王顺友二十年如一日，在平凡的工作岗位上，做出了不平凡的业绩，他用行动充分展示了一名共产党员对党和人民的无限忠诚，充分表现出对事业的无限执著，忠诚履行着一个乡邮员的职业使命。

想一想，当代大学生应该从王顺友身上学习些什么？

【能力拓展】

1. 从现在起要学会独立完成事情。
2. 从今天开始，当你值日打扫教室或宿舍卫生的时候，一定要给别人一个惊喜。
3. 想一想你身边的人，比如老师、父母，他（她）们的敬业精神哪些值得你学习？

情境3：培养自强不息、拼搏进取的奋斗意识

【情境导入】

1988年，邓亚萍正式入选国家乒乓球队。此后，她便接连斩获世锦赛、奥运会的女子乒乓球单双打冠军，开启了辉煌的“邓亚萍时代”。二十年后，被球迷亲切誉为乒坛“小个子巨人”的她，除运动员外，履历表上又赫然多出了清华大学学士、诺丁汉大学硕士、剑桥大学博士的经历，成为乒坛“全能王”。

由于受到作为体育教练的父亲的影响，童年的邓亚萍就萌发了自己非凡的梦想。就是要当一名杰出的乒乓球运动员！所以，她极其渴望自己能有机会进入体校学习，然而，邓亚萍身材矮小，确实不符合体校的要求，体校的大门对邓亚萍关上了。

可是，邓亚萍并没有因此抱怨自己的不幸，更没有放弃自己的梦想。从她未能迈入体校大门时起，她的父亲就自愿担当起她的“专职教练”，并且为她编排了一套完整的体育训练课程。

邓亚萍在父亲的教育下意识到，要成为一名出色的运动员，一定要下一番苦工夫，否则就是白日梦！她每天除了练完父亲指定的课程外，还要坚持做一百个发球、接球的动作。尽管邓亚萍当时只有七八岁，可是为了能使自己的球技更精进，基本功更扎实，她就在自己细嫩的腿上绑上了沙袋。这对于一个小女孩来说，不仅是身体受到极大的煎熬，心理方面也是承受难以言说的压力。小小的她，每闪、展、腾、挪一步，都可以说是举步维艰！但小小的她，永远都表现着倔强不屈，从来不说一声苦，不喊一声累。

正是在如此超常艰苦的磨炼中，邓亚萍打下了十分牢固的乒乓球基础，并且形成了自己正手快、反手怪的技术特点。

正是如此，邓亚萍稳扎稳打、势不可挡，最终登上了乒乓球运动的冠军宝座，成就了令世人瞩目的辉煌战绩。

1989年在第四十届世界乒乓球锦标赛上，邓亚萍勇夺女子双打冠军。

1991年在第四十一届世界乒乓球锦标赛上，她又成功地夺取了女子单打冠军。

1992年，第二十五届奥运会上。邓亚萍靠着自己精彩完美的表现、扎实全面的基础和高超纯熟的战术，一人就获得了乒乓球女子单打、女子双打两枚金牌。

谁也不能轻易断定丑小鸭可否变成美丽的白天鹅。就像邓亚萍这样，尽管自己的个子矮小，可谁能阻止她成为一名成功的“乒坛巨人”呢？只是这份成功背后更多的是艰辛，是不服输，不怕苦的精神。

清华求学自字母始　学业繁重头发大把脱落

邓亚萍回忆到，初进清华时，老师为了解她的英语程度，让她写出26个英文字母。当时她大写小写字母凑在一起也没能将其写全。不过，凭借着她不服输的性格，邓亚萍从零开始，顶住压力一点一点地将知识补充完善。有段时间，她早晨起来就会发现枕头上有大把大把的头发，但她硬是咬牙坚持了下来。老师们都称赞她是一个非常勤奋的好学生，乒乓球管理中心副主任姚振绪说她学英语像打球一样有股狠劲儿。到毕业时，邓亚萍的英语水平已经有了飞跃性的提高，并以题为《中国乒乓球的历史及发展》的论文顺利通过答辩，成绩相当出色，获得了英语专业学士学位。

顶尖运动员成博士　剑桥历史由中国人创造

在清华求学期间，为了加快邓亚萍英语学习的速度，老师帮她联系了去英国剑桥大学进行短期学习的机会。因其被毕业典礼的场面深深打动，邓亚萍燃起了在剑桥读博士的想法。

如今，她已先后获得诺丁汉大学中国当代研究专业的硕士学位、剑桥大学经济学博士学位，并成为剑桥大学近八百年历史中唯一一位获得博士学位的世界顶尖级运动员，在毕业典礼中邓亚萍回忆道，"今天我完成了自己的一个梦想。十年前看到获得学位的学生那么高兴自豪，我感同身受。因为参加毕业典礼的心情同我在领奖台上的瞬间是一样的感受，都是通过自己的努力，一步步走到了今天。所以我非常高兴。"然而，喜悦的背后是她艰苦卓绝的付出，邓亚萍在清华大学的英语老师吕中舌回忆道，"邓亚萍为了完成博士生论文《全球竞争中的奥运品牌》，关在家里整整写了20多天，没有下楼一步，整天靠速冻饺子解决'吃饭问题'。长时间固定姿势写作诱发了邓亚萍的颈椎病，头不能移动，她就以一种固定的姿势坚持查阅资料和写作。"

在巅峰时期退出乒坛，邓亚萍一路从清华念到剑桥，从26个字母学起，终将博士学位揽入怀中，她所展现出惊人的毅力，使"中国制造"成为名副其实的"中国骄傲"。

【问题讨论】

1. 你从邓亚萍由一名顶尖运动员到剑桥大学博士的人生经历中看到了什么？
2. 作为一名在校大学生，怎样才能不辜负国家和人民赋予的历史责任？

【知识提炼】

自强不息，拼搏进取，从古至今一直是中华民族的传统美德。自强不息是中华民族精神的象征，而拼搏进取则是自强不息的十分重要的体现。

一、自强不息、拼搏进取的含义

"自强不息"就是自己不断努力，发愤图强，永不停息的意思。"自强"是我国古代优良传统道德的重要内容之一。中华民族是一个有着非常突出的"自强"传统的民族，在漫长的历史中，这一"自强不息"的精神，经过一代一代的不断发展，成为中华民族能够长期屹立于世界民族之林的一个重要的精神支柱。"自强不息"最早出现于《易经》中"天行健，君子以自强不息"的记载，其意即时间会永恒地流逝，天体运行不止，一时一刻都不休息。所以一个有理想、有道德的人应当如日月运行不息那样，奋发图强、永不停息。早在春秋时期，我国著名思想家屈原在他的《楚辞·九章·怀沙》中，也提出了"自强"的思想，他在当时所处的极端困难的情形下，依然说，"惩违改忿兮，抑心而自强"，意思是，在自己遭受屈辱的情形下，仍要改变自己的愤怒和怨恨的情绪，压抑自己的感情而自我坚强，保持自己的美好品德而坚定不移；尽管自己遭受了严重的打击，仍要坚守自己的意志，保持自己奋发图强的节操。屈原所提出的"自强"的思想，是中国传统道德和传统文化中的精华，尤其应当加以继承和弘扬。"拼搏进取"，是积极、奋发、向上的人生态度；拼搏进取，是通往胜利之路的桥梁，是开启成功大门的钥匙。

拼搏进取的精神，激励着人们以坚定的自信、顽强的意志、刚韧的毅力，勇往直前、百折不挠，直至获得最后的胜利和成功。历史上，人们所熟悉的李冰、张骞、司马迁、张衡、班超、祖冲之、玄奘、鉴真、郑和、李时珍、徐霞客等许许多多的志士先贤，都是通过拼搏进取的精神，做出了辉煌的业绩。他们推动了华夏文明强盛的进程，也为古代的人类文明做出了重要贡献。近代中国，受到了西方殖民国家的侵略，处于贫穷落后的状态。“一唱雄鸡天下白”，中国人民万众一心，发愤图强，取得了令人瞩目的伟大成就。中华民族，以崭新的姿态屹立于世界东方；中华大地上，涌现出无数奋力拼搏、锐意进取的优秀人物和感人事迹。历史的见证和大量的事实表明：一个国家拼搏进取必然强盛，一个民族拼搏进取必然兴旺，一个人拼搏进取必然有所作为。

二、自强不息、拼搏进取的重要性

1. 自强不息、拼搏进取的人才能自尊自立

古往今来，有多少仁人志士面对广博复杂的大千世界，知难而进，百折不挠，克服困难，冲破阻力，开拓进取，攀登上一个个光辉的顶点，摘取了一颗颗璀璨的明珠。纵观人类发展的历史，不论是移山倒海对自然界的改造，还是改朝换代对颓废势力的革新；无论是华夏灿烂文化的远播弘扬，还是对邪恶势力，歪风邪气的批判，都无一不充分展示出中华民族自强不息、拼搏进取的奋斗精神。多少年来，人们被屈原那“路漫漫其修远兮，吾将上下而求索”的精神所感染；被“大风起兮云飞扬”的浩歌所震撼；被范仲淹“先天下之忧而忧，后天下之乐而乐”的抱负所鞭策；被林觉民“为天下人谋永福”的壮志所激励。这些无一不是自强不息、拼搏进取精神的集中体现，无一不激励着中华民族儿女奋发向上。

■**【案例1】**

绘画大师徐悲鸿青年时代的一段感人故事，淋漓尽致地诠释了自强不息、拼搏进取的内涵，他的崇高品质着实让人感动。

早年的徐悲鸿在巴黎高等美术学院留学，他以勤奋好学赢得了绘画大师达仰的喜爱，然而却引起了一些人的嫉妒。有一次，同在美术学院学习的一位法国学生指着他说：“别以为进了达仰的门就能当画家，中国人愚昧无知，天生就是当亡国奴的料，就是把你们送到天堂去深造，天天让达·芬奇手把手地教，最终也是成不了才！”徐悲鸿从不允许外国人侮辱自己的祖国与同胞，他当面驳斥并提出了挑战：“先生，你不是说中国人不成才吗？那好，我代表我的祖国，你代表你的祖国，我们来比一比，等毕业的时候，看看谁能够成为真正的人才！”理屈词穷的外国人走了，然而勤奋的徐悲鸿从此更加努力拼搏，发愤苦学，自强不息。到1924年，最终的决战开始了，他的无可争议的高水平作品在法国公开展出，一时间轰动了整个法国美术界，不仅为他自己同时也为自己的祖国争得了荣誉。

我国绘画大师徐悲鸿，早年在巴黎高等美术学院为民族自尊而拼搏进取的精神，是中华民族自强不息奋斗精神的集中体现，是我们广大爱国青年学生学习的典范。徐悲鸿之所以能成为绘画大师，这与他的自信、自强是分不开的。自信可以决定理想的人生目标，有了自信心就有力量决定自己人生的方向，就能策划自己人生的前途，主宰自己的命运，做自己的主人。自强而后能自立：为人当自强，所谓“天行健，君子以自强不息”，又说“将相本无种，男儿当自强”。懂得自己奋发图强、努力向上的人，才能自尊自立。

2. 自强不息、拼搏进取是青年人实现理想追求的基础

青年人在改革大潮的激流涌浪中，要勇做弄潮儿，要鄙燕雀之小志，羡鸿鹄之高翔。这就要继承发扬我们中华民族自强不息、拼搏进取的精神，在全面建设小康社会的伟大事业中大展宏图。

当今社会的青年人大多生活在比较优裕的环境里，读书、工作、生活大都一帆风顺，有的青年人习惯于衣来伸手、饭来张口的生活，缺少自食其力、奋发图强的精神。自强不息、拼搏进取的奋斗精神不但需要在艰难困苦中发扬，更需要在和平环境中光大，尤其是要把这种精神注入对理想社会的不懈追求之中。

理想是人们奋斗的目标，它鼓励人们不满足于现实，激励和引导人们向着更高的目标迈进。我们主张人格的独立和不断完善，要具有完善的道德人格，达到"富贵不能淫，贫贱不能移，威武不能屈"的境界，必须有一种强烈的自强不息、拼搏进取的奋斗精神，通过自身努力，勤勤恳恳地为实现理想而奋斗。

■【案例2】

爱迪生出身低微、生活贫困，他的"学历"是一生只上过3个月的小学，老师因为总被他古怪的问题问得张口结舌，竟然当着他母亲的面说他是个傻瓜、将来不会有什么出息。爱迪生虽未受过良好的学校教育，但凭个人奋斗和非凡才智及自信、自强、自立的精神获得了巨大成功。他自学成才，以坚韧不拔的毅力、罕有的热情和精力从千万次的失败中站了起来，克服了数不清的困难，成为著名的发明家、企业家。他发明电报自动记录机，留声机等；实验并改进了电灯（白炽灯）和电话等。在他的一生中，平均每15天就有一项新发明，他因此而被誉为"发明大王"。

爱迪生之所以能够成为世人皆知的科学家，靠的并不是他所受的教育，而是个人的自强不息和拼搏进取，坚韧不拔的毅力和敢于面对失败的精神。爱迪生勇于攀登科学高峰的精神是我们当代大学生学习的典范。在科学技术迅猛发展的今天，作为当代青年学生应当树立自强不息、拼搏进取的钻研精神，为我国社会主义现代化建设贡献自己的力量。

3. 自强不息、拼搏进取是战胜困难、获取成功的动力

在人类历史上，许多有成就的科学家，都是在自强不息、拼搏进取的奋斗精神激励下，经过试验—失败—再试验—再失败的坎坷之路而获得成功的。青年人只有自强不息、拼搏进取，才能适应时代的发展要求，才能实现生命的价值，才能实现我们祖国的宏图伟业。

■【案例3】

2006年的刘翔，足以用"传奇"来形容。传奇的，不只是因为他在雅典奥运会上追平原世界纪录，两年之后，他又在洛桑创造了12秒88的男子110米栏新世界纪录，令世界震惊；更是因为这一年来，在年初因意外崴脚而蛰伏了80天后，他在七月至九月的三个月间，如火山般持续喷发，特别是在9月的20天内，连续参加四场大赛：在国际田联总决赛上，他以个人职业生涯第三好成绩12秒93夺冠；不到十天后的雅典世界杯上，虽惜败给老将艾伦·约翰逊，但他也以13秒03夺得一枚银牌；紧接着转战上海黄金大奖赛，他又力压约翰逊，以13秒07卫冕冠军；而后他在韩国大邱再度夺冠。

整个赛季下来，包括多哈亚运会在内，刘翔一共参加了9个国际大赛，拿下7个冠军、1个亚军和1个第四名，其成绩之稳定，令人叹为观止，记者忍不住问起了他其中的秘诀。没想到，这一问，竟问出了一个鲜为人知的故事。

"其实，我小的时候可不是这样的。"刘翔娓娓道来，"我小的时候，碰到很多事情都会慌。比如说，小时候最怕考试，还有比赛。就连做错事也会慌，怕回家后被爸爸打。但越是怕、越是慌，越是做错事。"

是2000年的世青赛改变了他的一生。"那是我第一次到国外比赛，结果还是去了最远的地方智利。"因为是第一次到国外比赛，遇到的都是从没碰到过的外国选手。比赛开始前，刘翔还觉得那些对手看上去实力都蛮强的，好像比他厉害许多。"可预赛比完一看，那些壮壮的、肌肉很发达的家伙，也不过如此嘛。"那一次，刘翔拿了个第四名，"虽然比第三名的成绩差了一点点，没能拿到一枚奖牌，但已经很满意了。毕竟，我的年龄比他们都小，而且是第一次参加这样的国际大赛，觉得并没有输给他们太多，自己还是有很多潜力可挖掘的"。

跨过了这道坎，刘翔的心理素质才真正和他的成绩一起飞速发展起来。"2001年是我飞跃的一年。从那一年起，我的进步就特别特别的快。那时候，我觉得，比赛就是一个很好的积累经验的机会，是一堂很好的训练课，所以，只要一有比赛，我就比、比、比。心理素质的培养和锤炼就是从那时候开始的，之后就不再那么怯场，而且越来越有信心了。"他说。

我国体育健儿刘翔在体育赛场所取得的成绩是令国人兴奋的，他的成绩是长期拼搏的结果。无数成功者证明，自强不息、拼搏进取是战胜困难、获取成功的动力。在现实生活中，广大青年，为了中华民族的振兴，正在鼓起理想的风帆，自强不息的奔向锦锈前程。

三、怎样树立奋斗意识

在社会生活中，一个人应当自力更生、发愤图强，要有一种知难而进的勇气和不屈不挠、顽强拼搏的精神。在建设社会主义现代化的进程中，无论对于我们的国家还是我们每一个人来说，培养和树立自强不息，拼搏进取的奋斗意识，都有着极其重要的现实意义。

1. 要做到自尊、自立、自信、自强

自尊，也就是自重，就是尊重自己的人格，在任何情况下，都能够坚持自己的操守。一个能够尊重自己人格的人，就一定会在事业中兢兢业业、切实负责、严肃认真地履行自己的职责。一个自尊的人，就能够在任何情况下都坚守社会主义道德，不做不道德的事；一个自尊的人，就必然能够为国家和人民的利益而积极努力，能够以国家和人民的利益为重，在任何逆境中都能保持自己的节操，甚至牺牲自己的生命；一个自尊的人，在自己的生活和工作中，能够以身作则、言行一致，以自己的道德人格来影响他人，造福社会。

自立，就是依靠自己的力量，在生活和事业上努力奋斗。一个人，在社会中，不但在生活上要自立，而且在事业上要自立。我们常说，"自力更生"，就是说要依靠自己的力量，改变原来的情况，使我们国家和个人不断发展前进。在成长的过程中，一个人和一个国家一样，需要各方面的帮助，但是，归根结底，只有依靠自己的力量，才能摆脱贫困，走向富足。现实生活说明，一切挫折失败，都是对一个人有没有"自立"精神的考验。历史上在艰难困苦中成就伟大事业的人，都是在这种情况下自立自强、拼搏进取的。我国著名史学家司马迁在身心受到摧残的恶劣环境下撰写了不朽著作《史记》，就是这一精神的有力证明。

自信，就是坚定不移地相信自己的能力，相信在事业中能够依靠自己的力量取得成功。自信，决不是盲目的自大，更不是不顾客观情况去做那些做不到的事。自信是一种精神、一种品质，它是建立在对客观情况的正确认识的基础上，对经过努力可以达到的事情的信心。自信能产生一种强大的力量，它能够在困难和失败的环境下给人以勇气，给人以希望，我们常说，“坚持下去，就是胜利”，说的就是自信的力量。

自强是以自胜为基础的。自胜，就是能克制自己，战胜自己的弱点，激励自己不断前进。老子说“胜人者有力，自胜者强”；《吕氏春秋·告己》中也说“欲胜人者，必先自胜”，都是这个意思。在人的一生中，总是要遇到各种各样的挑战，承受来自不同方面的压力。如何在这种情况下，克服一切干扰，保持清醒的理智，做出正确的选择，这是事业成败的关键。要做到“自强”，就必须能“自胜”。也正是在这个意义上，古人才强调，战胜了别人，只能算是“有力”，还不能算是“强”，只有战胜了自己的各种弱点，从始至终都能勇往直前、自强不息，这才算是“强者”。

■【案例 4】

巴雷尼小时候因病成了残疾，母亲的心就像刀绞一样，但她还是强忍住自己的悲痛。她想，孩子现在最需要的是鼓励和帮助，而不是妈妈的眼泪。母亲来到巴雷尼的病床前，拉着他的手说：“孩子，妈妈相信你是个有志气的人，希望你能用自己的双腿，在人生的道路上勇敢地走下去！好巴雷尼，你能够答应妈妈吗？”母亲的话，像铁锤一样撞击着巴雷尼的心扉，他“哇”的一声，扑到母亲怀里大哭起来。从那以后，妈妈只要一有空，就帮巴雷尼练习走路，做体操，常常累得满头大汗。

有一次妈妈得了重感冒，她想，做母亲的不仅要言传，还要身教。尽管发着高烧，她还是下床按计划帮助巴雷尼练习走路。黄豆般的汗水从妈妈脸上淌下来，她用干毛巾擦擦，咬紧牙关，硬是帮巴雷尼完成了当天的锻炼计划。体育锻炼弥补了由于残疾给巴雷尼带来的不便。母亲的榜样作用，更是深深教育了巴雷尼，他终于经受住了命运给他严酷的打击。他刻苦学习，成绩一直在班上名列前茅。最后，以优异的成绩考进了维也纳大学医学院。大学毕业后，巴雷尼以全部精力，致力于耳科神经学的研究。最后，终于登上了诺贝尔生理学和医学奖的领奖台。

巴雷尼身残志不残的事迹，给我们广大青年学生树立了榜样。它告诫人们，在遇到困难和挫折时，自尊的人，能够奋发向上，自强不息，在挫折与失败中获得成功。而丧失自尊的人，遇到困难和挫折时，往往自暴自弃，从而放弃了努力放弃了奋斗。所以没有自尊的人，是不可能在事业上取得成功的。

2. 要有永无止境的理想追求

被人们称颂为“力学之父”的牛顿，在二十几岁就创立了微积分，研究“光谱”，提出了“万有引力定律”。但他没有把功劳归于自己，而是谦虚地说：“如果我的所见比笛卡尔要远一点，那是因为我站在巨人肩膀上的缘故。”“进化论”的创始人达尔文，在接受英国作家哈尔顿的采访时有一段对话：“您的专门成就是什么？”“没有。”“您的主要缺点是什么？”“不懂得数学和新的语言，缺乏观察力，不善于合乎逻辑地思维。”“您的治学态度是什么？”“很用功，但没有掌握学习的方法。”这两位取得重大成就的科学家的自尊自信表现在哪里呢？“虚心使人进步，骄傲使人落后”，就是说虚心是自尊自信的表现。

有追求才能前进，才能激发开拓精神。中华传统文化中积极向上、锐意进取的人生观，是我们自强不息，拼搏进取的精神食粮。我们应以这种不断追求永无止境的精神，完善人格，修养道德，奋斗终生。有了这种精神，才能为国家贡献自己的聪明才智。

3. 要有知难而进的雄心壮志

华罗庚中学毕业后，因交不起学费而被迫失学。回到家乡，他一面帮父亲干活，一面继续读书自学。不久，他又身染伤寒，生命垂危。他在床上躺了半年，病痊愈后，却留下了终身的残疾——左腿的关节变形。当时，他只有19岁，在那迷茫、困惑，近似绝望的日子里，他想起了失去双膑的兵法家孙膑。“古人尚能身残志不残，我才只有19岁，更没理由自暴自弃，我要用健全的头脑，代替不健全的双腿！”青年华罗庚就是这样顽强地与命运抗争。白天，他拖着病腿，忍着关节剧烈的疼痛，拄着拐杖一颠一颠地干活，晚上，他在油灯下自学到深夜。1930年，他的论文在《科学》杂志上发表了，这篇论文惊动了清华大学数学系主任熊庆来教授。此后，清华大学聘请华罗庚当了助理员。在名家云集的清华园，华罗庚一边做助理员的工作，一边在数学系旁听，并用四年时间自学了英文、德文、法文，并发表了十篇论文。他25岁时，已是蜚声国际的青年学者了。

没有雄心壮志，就难以拼搏进取。世上确有许多举步维艰之事，征途中有许多艰难险阻，无雄心壮志者，就会望而生畏，乃至半途而废；有知难而进的雄心壮志，就能开拓出坦途，乘胜前进。汉代的张骞在茫茫的戈壁滩上开拓出通往西域的丝绸之路，写下了中西史上的壮丽篇章。明代的郑和，奉明成祖朱棣之命乘船“下西洋”，成为世界著名的航海家。这些奇迹和壮举正是自强不息、拼搏进取精神的体现。

4. 要有改革创新的胆略与智慧

创新是一个民族进步的灵魂，是国家兴旺发达的不竭动力。人类社会的进步，个人事业的成功，离不开改革创新。只有改革创新，才能使我们在前进的道路上有所开拓和进展。改革创新要冲破旧藩篱的约束，跳出旧思维模式的窠臼，以新的思想观念和工作方式打开新局面。当然，这种对旧体制、旧传统的冲击和挑战，有时候需要付出沉重的代价。只要我们在工作中发扬改革创新的精神，克服那种安于现状、不愿逾越常规的思维和惰性，就能开创出新的局面。

5. 要有百折不挠的顽强奋斗精神

■【案例5】

海伦·凯勒幼时患病，两耳失聪，双目失明。七岁时，安妮·沙利文担任她的家庭教师，从此成了她的良师益友，相处达50年。在沙利文的帮助之下，她进入大学学习，并以优异的成绩毕了业。在大学期间，她写了《我生命的故事》，讲述她如何战胜病残。这本书给成千上万的残疾人和正常人带来鼓舞，被译成50种文字，在世界各国流传。以后她又写了许多文章和几部自传性小说。后来凯勒成了卓越的社会活动家，到美国各地，以及欧洲、亚洲发表演说，为盲人、聋哑人筹集资金。二战期间，又访问多所医院，慰问失明的士兵，她的精神受到人们的敬仰。1964年她被授予美国公民最高荣誉——总统自由勋章，次年又被推选为世界十名杰出妇女之一。

请看海伦·凯勒生平：

1880年6月27出生在美国亚拉巴马州的塔斯喀姆比亚。

1882年1月因患猩红热致盲致聋。

1887年3月安妮·沙利文成为凯勒的老师。

1899年6月考入哈佛大学拉德克利夫女子学院。

1902—1903 年撰写出版《我的一生》(又译作《我生活的故事》、《我生命的故事》)。

1904 年 6 月以优等成绩大学毕业。

1908—1913 年著《我的天地》(又译作《我生活中的世界》)、《石墙之歌》、《冲出黑暗》。

1924 年成为美国盲人基金会的主要领导人。

1929 年著《我的后半生》(也译作《中流——我以后的生活》)。

1959 年联合国发起"海伦·凯勒"世界运动。

1960 年美国海外盲人基金会颁布"海伦·凯勒"奖金。

1964 年荣获总统自由勋章。

1968 年 6 月 1 日与世长辞。

美国盲聋女作家、教育家——海伦·凯勒的成功事迹,为我们青年学生正确对待挫折找到了科学之路。

人生的奋斗之路是一条布满荆棘的曲折之路能百折不挠地顽强奋斗,是一个人不断前进的必备素质和条件。纵观我们中华民族几千年的文明史,这种自强不息拼搏进取的精神,曾强化过许多仁人志士的民族责任感和奋斗意识。这种积极的心态,是中华民族肌体中的"钙质",使中华民族屹立于世界而不倒。正是这种精神,使得我们中华民族五千年的文明生生不息,绵延不断,成为我们今天创造幸福生活和美好未来的精神支柱。

【资料链接】

感动中有种精神催人奋起

12 年困境的风吹雨打,12 年如一日的责任担当,12 年从未懈怠的自立自强——2005 年日历快要翻过的时候,中国人的心被洪战辉的故事所感动。

人们为何如此感动?洪战辉身上到底蕴藏着怎样的超越性的道德品质?我们在梳理洪战辉为这个时代所奉献的精神资源时,也试图总结出一些新的精神价值,以便于传播、学习和普及,可最后不得不放弃这种"提炼新价值"的尝试——因为我们发现,洪战辉的精神是平凡的,平凡得像一缕星光、一片树叶、一滴水珠,他的身上并没有什么惊人的道德品质,他只是在一以贯之地实践一些被许多人整天挂在嘴上的平凡品质,一如既往地践行着日常生活中的道德法则。

从"自强不息"到"自尊自爱",从"坚守责任"到"永不放弃",再到"笑对逆境",这些毫无"新"意的平凡品质之所以让人们如此感动,在于其脱离标语化,贯穿于实践中的行动力量!

对于这一点,洪战辉是很清醒的。他说,我只是一个普通人,没有做什么轰轰烈烈的事,我所有的思维和做法都说明了我是一个普通人;他告诉想向他学习的人们,不要把事情想得很复杂,只要一点一滴、踏踏实实地去做你身边的小事就行了。

洪战辉震撼国人的最具说服力的理由,不在于他讲出了什么宏大的道德理念或实践了什么超越的伦理精神,而在于他持之以恒的行动。

洪战辉感动国人的最大的精神价值,在于他做这些事情时所表现出来的言行一致、表里如一的道德行动能力。在他的故事中;行动永远高于理念,行动永远是第一位的;在他身上,道德不是静态的,而是永远行动着的责任担当。在他的每一个行动的切片中,都可以看到一种坚忍不拔的精神力量。他始终坚持自立自强,甚至拒绝好心人的捐款;在沉重的生存压力下,从来没有向他人抱怨过什么，一直在最大限度地承担着自身的责任。

在湖南怀化学院的校园内，每天早上一位23岁的男生，都会用自行车，把一个10多岁的小女孩送到石门小学，晚上再接回到他们的住处——男生宿舍下的楼梯间。这个男生就是2003年从河南省西华县考入怀化学院经济管理系的洪战辉。而那个小女孩和洪战辉并没有血缘关系，是他犯有间歇性精神病的父亲捡来的弃婴。由于母亲离家出走，这个捡来的“妹妹”，由他一手带大。从洪战辉读高中时，他就一直把妹妹带在身边，一边读书一边照顾年幼的妹妹，靠做点小生意和打零工来维持生活，如今他已经照顾了12年。12年的岁月并不算短暂，小女孩已经从一个嗷嗷待哺的婴儿长成了一个懂事的小学生；12年的岁月也不算漫长，洪战辉用一种纯真的兄妹之情照顾着这个并无血缘关系的妹妹。

他所面对的学习的压力、生活的艰辛是同龄人无法比拟的，可喜的是洪战辉具有同龄人少有的坚毅秉性。让我们看看洪战辉在大学里是如何克服困难、坚持学习的：2003年6月，洪战辉以490分的成绩被怀化学院经济管理系录取。可5 000元的学费和对妹妹的照顾让他作难，利用假期，他在一家弹簧厂打工赚了1 500元。然后，自己扛起装有100多公斤弹簧的袋子上了火车，来到了湘西山区的怀化学院。在同学们的帮助下，他将这些弹簧卖给了一家制造捕鼠器的制造商，将所得的2 000多元钱交到了学校。为了生活，他在学校卖起了电话卡、圆珠笔芯，在怀化电视台“经济E时代”栏目组拉过广告，并且给“步步高”的一家电子经销商做起了销售代理，每月下来也有600多元。

同学们推选他为学院市场营销协会的会长，并自发地帮助他，系领导得知他的真实情况后，发起了捐款活动。当系领导将捐款3 190元交给洪战辉时，他却无论如何都不肯收下。最后学校将这笔捐款直接代交了他的学费。当系领导问他还有什么困难时，他提出了唯一的要求：想带妹妹一起来上学！不是血缘却超越血缘的“兄妹”之情感动了怀化学院的领导，他们破例同意洪战辉将妹妹接来，并单独给他安排了一间寝室，方便他照顾妹妹。随后，洪战辉来到学院附近的怀化市鹤城区石门小学，找到该校长，提出了妹妹插读的要求，校长同意了。

兄妹相伴的时光是幸福的，2005年农历五月二十五日，是洪战辉的生日。这一天，他突然听到校园广播里在为自己的生日点播歌曲，他吃了一惊：这么多年来，他从没对人说起过自己的生日啊！便忙去打听是谁点的。这时，他才知道，是妹妹记住了他的生日，是妹妹，是他心手相牵10多年的妹妹为他点的。

人生，总是在成功与失败、希望与失望、欢乐与痛苦中演绎一幕幕忧伤与难忘。人生的路上有平川坦途，也有碰上没有舟船的渡口，没有小桥的河岸，这时候只能自己摆渡自己了。洪战辉的亲身经历证明了：自强不息、坚持不懈的追求才是人生的真谛！

涂人蓉是如何与命运抗争的

1993年，18岁的涂人蓉考上大学，但因为家贫，她放弃了；1994年，她与几位同乡结伴到武汉打工。她做过服务员、清洁工、收银员等；2000年，她再次参加高考并获得了录取通知，但因为专业不理想再次放弃了；2001年，她终于考上理想的专业，却早已过了黄金的读书年龄；2006年，她怀揣大学的“校三好学生”证书大步走向未来。

在武汉理工大学里，很多学生都知道涂人蓉。“她不简单！”，“她都29岁了，仍然学习很好！”，“她打了6年工，完全靠自己上了大学！”……赶往赴约地点时，涂人蓉已准时在那里等候了。她个子不高，深色皮肤，一见面她便热情地和我们打招呼，露出如同十八九岁小姑娘般灿烂的笑容，而此时的她已经是29岁的学姐了。

辗转反侧　考上了大学

涂人蓉的父亲是当地小有名气的会计，再难查的账到了他手里也能弄得清清楚楚，涂人蓉打小就敬佩父亲，也对会计有了浓厚的兴趣。这个平凡的农民家庭有5个孩子，懂事的涂人蓉为了帮助家里分担压力，中途转读了职高，并且选了会计专业，当时职高的专业课已上了大半学期，而涂人蓉却连算盘都还不会打。好在父亲为自己开了"小灶"，她自己又非常勤奋，期末时涂人蓉出人意料地拿了全班第一名。

1992年春季，涂人蓉的父亲因病过世，使本来就经济上非常紧张的涂家更加紧张。50多岁的母亲每月靠给人干些零碎的活挣得70元的收入，家里还有4 000多元的欠债。哥哥姐姐们虽已成家，经济上也只能糊口。

"望着父亲的遗像，我茫然不知所措，家里唯一的经济来源断了，意味着我即将辍学。"整理父亲遗物时涂人蓉发现，父亲的记事本里夹着一大堆零钱。母亲告诉她，这是父亲为她上大学准备的，父亲临终前的最后一句话就是希望涂家能出个大学生，希望涂人蓉能成为比自己更出色的会计师。

在好心的班主任及乡邻的帮助下，涂人蓉总算是完成了高中的学业。1993年，涂人蓉考取了成都气象学院会计专业。"说句心里话，我真不希望自己考上……这样一贫如洗的家庭怎么能负担起一个大学生啊?"涂人蓉没有抱怨命运，她在家里种地、卖菜、干农活，用生活和劳作让自己忘记放弃上大学的痛苦……

艰辛拼搏着自己的求学梦

1994年8月，涂人蓉与几个同乡结伴来武汉打工，在一家娱乐有限公司当服务员。从未出过家门的涂人蓉怎么也想不到武汉的冬天会那么冷。"以前在四川，我一条单裤就过冬了。那一年我连件毛衣也没有，穿着凉鞋就来了，却赶上这里最冷的冬天……"涂人蓉回忆说。

当时她住在集体宿舍里，被子是"有得垫就没得盖"。在1995年春节终于领到第一个月的280元工资后，她十分大方地为自己添置了棉衣、毛裤。涂人蓉说："其实苦点累点我不怕，最难受的是不能回家过年——每逢佳节倍思亲！想想我妈一个人守着间空屋子过年，我的心里就特别难受……"说这些话的时候，涂人蓉的眼里湿湿的。

因为勤快、踏实，再加上有会计方面的相关知识，涂人蓉的工作慢慢变得好起来。但她却在这时辞职，去了一家集团公司应聘服务员。仅一年，她就被提升为领班，月薪达到了1 000多元，不仅母亲的生活费有了着落，家里欠下的债也由她一点点还清了，自己还有了上万元的积蓄。在旁人看来她似乎应该满足了，但天生要强的涂人蓉觉得自己的学历太低了，以后很难立足，而且父亲的遗愿始终魂牵梦萦。2000年5月，她毅然辞去了工作，开始专心复习高考。

"我属于在一段时间里只能专心做一件事情的人，如果不辞职，我会芝麻、西瓜一个都抓不住。"2000年7月，涂人蓉再次参加高考，被一所高校农学院会计专业录取，这个结果让涂人蓉很不满意，个性倔强的她顶住压力，静下心来继续复习。

万般辛苦着走进了大学

2001年7月，涂人蓉第三次参加高考，并以优异的成绩被武汉理工大学继续教育学院会计专业录取。"我想进大学学习这一步是走对了，不仅专业知识有了很大提高，我还学会了关心他人、尊重他人。"因为在大学成绩优异，涂人蓉年年拿奖学金，两次被评为武汉理工大学"校三好学生标兵”。

问起对这几年大学生活印象最深刻的事情，她非常认真地思考了一会儿，然后不好意思地笑着告诉我们：“担任班长期间，我发动全班同学跟我一起捡垃圾。一开始大家还觉得不好意思，我就先带头捡，卖的钱充当寝室费。后来整个女生寝室的同学被我感染了，接着是男生寝室，最后发展到全班……”在涂人蓉看来，捡垃圾不是为了赚钱，只是觉得大家都已成年，能自己做的事就尽量不要让父母负担。捡了垃圾，既解决了寝室费的问题，同学们也学会了节俭，还培养了大家的独立性，真是一举三得。

在这位大姐班长的带领下，涂人蓉和全班同学获得了“校优秀标兵班集体”的荣誉称号，她自己也光荣地成为中国共产党预备党员。涂人蓉说，自己最大的优点是做事踏实并能坚持，对于未来，她说：“我要先考上会计师，再考注册会计师，如果可以的话我还会考研，总之是活到老学到老！”

【能力拓展】

1. 从现在起要学会提高学习效率。
2. 要学会创造条件拓展自己的知识空间。
3. 学会对照别人发现自己的不足。
4. 我们如何才能把自己变成时代的强者？
5. 我们每一位青年学生应该如何面对人生旅程中的挫折？

情境4：培养满腔热情、热忱服务的服务意识

【情境导入】

李素丽的先进事迹

李素丽，女，汉族，北京市公交总公司公汽一公司第一运营分公司21路公共汽车售票员，1962年出生，1987年入党。她自1981年参加工作以来，十几年如一日，在平凡的岗位上，把“全心全意为人民服务”作为自己的座右铭，真诚热情地为乘客服务，被誉为“老人的拐杖，盲人的眼

睛，外地人的向导，病人的护士，群众的贴心人”。1996 年被全国妇联授予“全国‘三八’红旗手”称号。

21 路公共汽车北起北京北站，南到北京西站，沿线 10 公里分布 14 个车站。在这个平凡的岗位上，李素丽根据乘客的不同需求，给他们最需要的服务：老幼病残孕，怕摔怕磕怕碰，李素丽搀上扶下；“上班族”急着按时上班，李素丽尽量让他们都能赶上车；外地乘客容易上错车或坐过站，李素丽及时提醒他们；中小学生天性活泼，李素丽提醒他们车上维护公共秩序，车下注意交通安全……李素丽习惯在车厢里穿行售票，车里人多，有时一挤一身汗，可她说：“辛苦我一个，方便众乘客。”李素丽售票台的抽屉里总是放着一个小棉垫，那是她为抱小孩的乘客准备的，有时车上人多，一时找不到座位，李素丽就拿出小棉垫垫在售票台上，让孩子坐在上面。

10 多年来，李素丽日复一日的真诚的笑脸、热情的话语、周到的服务、细致的关怀，被人们誉为“老百姓的亲闺女”。

“各位乘客，您好！欢迎乘坐我们 21 路 1333 号车。您可能来自祖国的大江南北、四面八方，我将用北京人热情、好客的传统，为您提供周到的服务。途中，如果有什么困难、有什么要求，请不要客气，我会尽心帮助您。”伴着扩音器里李素丽甜润的声音，汽车启动了。

21 路公共汽车线路，走的不是多么繁华的地界，但南来北往的外地客人一下火车，往往就通过这路车接受北京人的第一次服务。李素丽“岗位作奉献，真情为他人”的精神风貌，带给乘客们热情的服务，给他们留下了难忘的印象。

“我为我的职业、我的岗位自豪，是它给了我每天都能向他人奉献真情的机会，让我每一天都感到充实。”

这是一个漂亮、整洁的车厢：彩旗挂满四周，地面漆色鲜艳，玻璃明亮照人，扶手干干净净，“乘客之家”几个大字分外醒目。

15 年前，以 12 分之差没能考上大学的李素丽，到 60 路汽车当起了售票员。开了一辈子公共汽车的父亲的教育和党团组织的帮助，使她渐渐爱上了售票员的工作。特别是当她热情的为国内外乘客服务，得到乘客的赞扬时，她更感到自己平凡岗位的不平凡。

“对内我代表首都，对外我代表中国”。对这句流行在首都窗口行业的话，李素丽有着深刻的体会。她常说，国内外乘客下了火车，接受北京的第一次服务，可能就是我这个售票员，服务的好坏直接关系到首都的声誉和中国的形象。我一定要让他们从一开始就享受到北京人的热情服务。

“礼貌待客要热心，照顾乘客要细心，帮助乘客要诚心，热情服务要恒心”。这是李素丽为自己订的服务原则。

“多说一句，多看一眼，多帮一把，多走一步；话到、眼到、手到、腿到、情到、神到”。这是李素丽对自己工作的要求。

李素丽售票台旁的车窗玻璃，一年四季进出站时总是敞开的。“这样我可以更好地照顾乘客。”即使下大雨，她也要把车窗打开，伸出伞遮在登车前脱掉雨衣、收拢雨伞的乘客头上。

她的车上设有方便袋，遇到堵车，就拿出报纸、杂志，让乘客看一会儿，缓解焦急；看到有人晕车或不舒服想吐时，她会赶紧送上一个塑料袋；遇有不小心碰伤的乘客，她的小药箱里有“创可贴”；姑娘们夏天穿着长裙上下车时，她忘不了提醒她们把裙子往上拎一拎，以免让人踩上摔跟头。

李素丽为她的岗位感到自豪。她说："如果我能把这十米车厢、三尺票台当成为人民服务的岗位，实实在在去为社会作贡献，就能在服务中融入真情，为社会多增添一份美好。即便有时自己有点烦心事，只要一上车，一见到乘客，就不烦了。"

公共汽车是一个流动的小社会，车上什么样的乘客都有。特别是在早晚上下班高峰期间，车厢拥挤、嘈杂，有时还会发生矛盾和口角。李素丽往往几句话就能化解开一个个矛盾。

李素丽处理与乘客之间的矛盾，更显示出服务水平。一次，李素丽查验下车乘客的车票时，一个小伙子掏完衣兜掏裤兜，就是拿不出票来。李素丽看出小伙子没买票，说："您可能一时着急找不到票了，要不，你今天再买一张，下车后，你要是找到了，下次坐我的车就不用买票了。"小伙子不好意思了，拿出两元钱说："大姐，刚才我没买票，您说怎么罚就怎么罚吧。""按我们的规定，下车逃票才罚款，您及时补票就行了。下次上车要主动买票，这样就不会耽误您的时间了。"

事后，李素丽说：人人都有自尊心，售票员不能得理不让人。让乘客下了台阶，我的服务就上了台阶。

对待一些不讲理的乘客，李素丽也是以礼待人，以情感人。有个小伙子上了车就往干干净净的地面上吐了一口痰。李素丽轻声提醒他不要随地吐痰。不想气呼呼的小伙子又吐了一口。这时，李素丽没有再说话，走过去，掏出纸把地板上的痰迹擦干净。在全车人的注视下，小伙子脸红了，下车时连连道歉："刚才全是我不对，请大姐原谅。"

"每一条公共汽车的线路都有终点站，但为人民服务没有终点站。我永远属于我的乘客，属于我的岗位。"

【问题讨论】

1. 结合上述事例，说明满腔热情、热忱服务的重要性。
2. 结合专业岗位谈谈你如何树立服务意识。

【知识提炼】

一、职业道德的基本精神

满腔热情、热忱服务是社会主义职业道德所倡导的重要规范，是爱岗敬业精神的延伸，是职业道德的基本精神。

其所包含的内容十分丰富，主要指"主动、热情、细致、周到、耐心"的服务态度和服务质量。它直接关系到从业人员同服务对象的关系。揭示了职业与人民群众的关系。

从业人员只有在服务工作中注入满腔热情，做到细致、耐心、周到才能使服务的对象感受到服务的诚意。"主动、热情、细致、周到、耐心"，体现了从业人员对服务对象的热烈而真挚的感情，反映了从业人员对本职工作的积极的、富于创造性的态度。不仅关系到各项事业的发展，也关系到人与人之间的团结友爱。

满腔热情、热忱服务的突出特点，一是自觉自愿地为他人、为社会贡献力量，为增进公共福利而积极劳动；二是为社会服务的责任感，充分发挥主动性、创造性、竭尽全力；三是不计报酬，出于自觉精神和服务意识。

■【案例】

1998 年 1 月 31 日，年近古稀的台胞郑先生住进了桂林凯悦酒店。他是获悉老伴不幸去世的噩耗而孤身一人赶回老家贵阳奔丧的。到桂林已是晚上，赴贵阳的交通票还没有着落。而两天后就要举行葬礼，患有心脏病的郑先生此时非常着急。酒店行李员胡贤得知事情原委，主动上前安慰客人。又多方找关系托人替他买票。但当时正是春运高峰，数日内所有前往贵阳方向的机票、车票全被订购一空。怎么办？小胡使出了最后一招。次日凌晨三时许，小胡领着郑先生"强行"登上了开往贵阳的 165 次列车，然后又苦口婆心地说服了列车长，终于给郑先生补了一张卧铺票。郑先生紧紧握着小胡的手，感激得流下了眼泪。

案例中的行李员小胡热情友善，乐于助人，解客人之急的服务精神，值得我们学习。他以高度的责任感，主动给客人想办法解决车票问题，体现了强烈的服务意识和对客人深切的关心。

二、服务意识是职场必备的素质

服务意识，是敬业精神的延伸，就是指愿意把自己所从事的工作以及给他人带去方便和快乐当作自己应该做的事情。具有强烈的服务意识，才能把工作当作一件快乐的事。

1. 21 世纪是服务的世纪

"21 世纪是服务的世纪"。经济学家认为，我们生活在"服务经济"时代，每个人都在享受他人的服务，并且为他人服务。随着市场经济的发展，商品渠道越来越完善，而商品的差异越来越少，服务的重要性就日渐突显出来。竞争力的悬殊更多地依赖于服务。而且，相对于产品来说，服务是更人性化的内容，或者说好的服务有时候比高品质更能打动人，因为服务是人与人之间更直接的接触。优秀的企业家总是十分注意这一点，在要求自己的员工时尤其强调这种服务精神。

2. 服务意识是员工的必备素质

作为企业中的个体，服务意识也必然作为员工的基本素质要求之一被所有人重视。每个员工必须树立自己的服务意识。一般来说，重视服务，自觉地改善服务品质，总是能够得到管理者更多的青睐。即便是你的老板自身都没有意识到这一点或你从服务当中所获得的利益非常小，你也要记住：服务至关重要。

沃尔玛公司的《员工手册》对员工的服务提出了树立"顾客永远是正确的"观念，并要求员工必须以使顾客满意的方式解决问题：

（1）克制自己，避免因感情影响到工作，措辞上要谨慎，要用缓和的速度来说话，争取思考时间。

（2）牢记自己代表的是企业形象，绝不能抱着"不关我事"的态度。

（3）处理顾客的抱怨时不要拖延，而且处理抱怨的行动也要让顾客能明显地感觉到你的努力，以平息顾客的愤怒。

（4）向顾客道歉时要有诚意，绝不能口是心非，应该发自内心地关心顾客的需要。

（5）对顾客的抱怨要以婉转的语气，心平气和地加以解释；没必要解释的，不说为宜。

【问题讨论】

在你工作的时候，是否会以"顾客永远是对的"为服务指南？你将如何做好？

3. 服务意识有利于和谐社会的建设

服务意识是社会主义职业道德，对从业者工作态度的具体要求。能否做到满腔热情、热忱服务，直接影响企业的声誉和经营效果。社会主义社会人与人之间本质上是平等、团结、友爱、互助的关系，工作只是分工不同，没有高低贵贱之分，那种认为为他人服务低人一等的想法是错误的，每个从业人员在工作中应以满腔热忱的态度去对待顾客，对待工作，做到热情服务，努力为对方提供满意的服务，使每个被服务者从服务中感到社会的温暖。从而提高整个社会从业者的工作质量和社会风尚，维护消费者的利益，促进社会主义和谐社会的建设。

三、培养服务意识

培养服务意识包括三个方面：

1. 热爱自己的工作及工作环境

企业总是乐意聘用那些精力充沛、积极、热情的人。因为这些人都有一个共同点，那就是乐于热心地为他人服务，具有积极乐观的工作态度。在同事之间、与客户甚至与上下级之间都应该建立起一种互相帮助的关系，要做到这一点，首先自己要热情地为别人提供帮助。在心里，要有一种帮助别人就是帮助自己的信念。这样才能真正地从内心里生发出服务意识。

2. 服务沟通的技巧

（1）尊重备至。尊重是接待顾客的核心内容之一，缺少尊重必定会破坏和谐的关系。就算我们不能按照上级、同事和客户的要求和愿望行事，但也决不能有羞辱、为难、贬低或怠慢顾客的行为。

（2）温良谦恭。无论是面对上级、同事还是客户，都应该表现得自信而不骄矜，虽然他们不总是对的，但永远是第一位的。无论出现什么情况，都应该保持心态平和。

（3）彬彬有礼。礼貌是中国文化的组成部分，它的含义是言行文明、举止大方、细致周全。礼貌能够给人留下美好、深刻的印象。

（4）真诚质朴。真诚、热情发自内心。诚信既然是商业活动中最重要的品质，那么它当然也是人际交往之本，更是我们所谈的服务之本。与人相处的时候，不要太过矫饰自己，应该尽量表现自己真实自然的一面，多放一些注意力在别人身上，才能够发现他人的需要，从而提供细心、周到的服务。

3. 娴熟的业务技能

娴熟的业务技能是我们提供良好服务的基础，同时只有严格按照工作程序来执行任务，才能够提供符合要求的服务。没有了良好的业务技能和必要程序，我们也就失去了提供服务的基础，良好的服务更是无从谈起。

【资料链接】

宋鱼水先进事迹：努力服务和谐社会建设

海淀区人民法院的荣誉室里，有面特殊的锦旗，上面写道："辨法析理，胜败皆服"。这是一家输了官司的公司送给宋鱼水的。

一位市人大代表旁听了一起案件后这样写道："她依靠充分的说理、准确的判断显示出法律强大的威力。"人大代表评价的就是宋鱼水。

宋鱼水，海淀区人民法院知识产权庭庭长。10 年来，她出色地审理了各类案件 1 000 多件，其中重大、疑难、新类型案件 200 多件，而且没有一起改判或发回重审，赢得了当事人和社会各界

的一致好评。

在宋鱼水的身上，闪耀着这样一些夺目的光环："人民满意的好法官"、"十大杰出青年法官"、全国"十行百佳"、全国"三八红旗手"……她还荣立一等功2次、二等功2次。

伸张正义、主持公道，是这个外表瘦弱的年轻女法官终生的追求。

矢志追求司法公正

1989年，宋鱼水以优异成绩毕业于中国人民大学法律系。5年后，她成了海淀区人民法院经济庭的一名法官。

宋鱼水出生在山东蓬莱一个偏僻的乡村农家。从小，她就从生产队分柴、分粮中深切地感受到公平、合理对老百姓的重要性。她认为，尽管每个人的文化层次、生活背景不一样，但是人们追求平等和正义的要求是一样的。

伸张正义、主持公道是法官的天职，也是法官职业的神圣所在。公平、公正地审理好每一个案件，成为宋鱼水不懈的追求。追求个案公正与社会公正的和谐统一、追求审判效果与经济社会效果的和谐统一、追求遵循法律与创制法律的和谐统一、追求程序公正与实体正义的和谐统一，都贯穿于宋鱼水的审判全过程。

外地某城市在京招商，政策很优惠。本市一位大学教师按捺不住投资的冲动，与几位同事集资62万元，借给了该市政府驻京办事处。可事隔多年，几位投资者非但没赚到一分钱，连集资款也要不回了。因为急着用钱，几位投资者将某市政府送上了被告席。海淀区人民法院受理了这起案件后，被告提出了管辖异议，因为他们担心海淀区人民法院存在地方保护主义。

宋鱼水担任了这起案件的审判长。她认真与双方当事人交换意见，并特别向被告的法律顾问分析了海淀区人民法院对本案拥有管辖权的法律依据。被告的法律顾问听完分析后，消除了疑虑，并提出愿意与原告协商解决纠纷。在宋鱼水的积极协调下，被告的法律顾问当天从北京返回本地，制定了还款计划。次日，他又返回北京，与原告达成了调解协议。

宋鱼水公正的立场，使被告彻底打消了抵触情绪。他们不仅承诺本金与约定利息一次偿还，而且还表示希望原告继续支持他们发展经济。结案后，双方当事人都感到非常满意。

同事杨德嘉这样评价宋鱼水："她的案子判得公正，经得住推敲。就连输了官司的人，也心服口服。"

争当专家型法官

要让司法公正真正付诸实践，并非易事。从计划经济向市场经济的转轨时期，法院审判面临巨大的挑战，各种各样过去从未遇到的案件出现了，像融资租赁、期货纠纷、股权转让、股票侵权，等等，做一个案件所涉及的法律问题，就像一个新的庞大学科。作为处于"中国硅谷"的海淀区的法院，各种新鲜、疑难案件更是层出不穷。

宋鱼水清醒地意识到：仅凭学校所学的知识、工作经验和一张笑脸、两袖清风，已远远不能适应时代发展和工作需要，原有的知识必须不断更新、不断提高。

她为自己确立了争当专家型法官的目标：法学理论就要达到一定的学术水平，能站在学术前沿思考各种法律问题；能在办案中运用理论解决疑难问题，办出高质量的案件。为此，她边工作边学习。尽管生活不宽裕，但她一年用于买书的开销就高达数千元。

1996年，宋鱼水考取了中国人民大学法律专业在职硕士研究生。系统的学习使宋鱼水不仅掌握了更多的法律知识，也使她了解了西方的司法理念，进而开始了适应本土文化的审判模式的积极探索。

一次，宋鱼水承办了外地某商贸公司诉北京某公司购销、经销权纠纷案。关于经销合同问题，当时我国没有法律条文规定，也没有判例可供借鉴。宋鱼水在审理这起案件时，没有机械地停留在庭审功能的发挥上，而是针对案件的焦点问题翻阅了大量资料，包括国外相同的案例，并和同事们一起研讨。为了获得充足的依据，她多次向国家工商总局等单位进行调查咨询，向专家、学者求教。最后，依据该案涉及的法律原理、商业惯例、案件事实，大胆地作出了裁判。

该案的审理得到了参加旁听的本市各委办局60多位领导的好评。在长达6 000多字的判决书中，宋鱼水开创性地将丧失商业信誉作为解除经销权的法定事由，用法律原则作为裁判的依据，并将证据质证与认证等写入判决，对判决书体例进行了创新。后来，这份判理充分、逻辑性强的判决书，被许多法院作为范例。

几年来，宋鱼水审理了数十起关于无效合同纠纷的案件。在审理这些案件中，她发现相当一部分当事人之间都在一定程度上履行了合同，如果简单、机械地全部作为绝对无效合同处理，不利于保护已形成客观存在的经济利益。

这些案件涉及两个深层次的司法实践问题：即个案公正与社会公正的冲突和遵循法律与创新意识的冲突。宋鱼水认为，既然这样的无效合同已经履行，只要当事人双方都是善意的，且不违反法律、法规，那么已经形成的客观经济利益就应当受到法律保护。据此，在审理这类案件中，她坚持不全都按无效合同处理；相反，对于那些形式上无效的租赁合同的处理，她认为应作有效的认定。针对无效合同的一些立法与司法问题，宋鱼水结合司法实践进行了系统总结，并以《无效合同的认定和处理》为题撰写了论文。该文发表后，引起了法律界的高度关注。

最大限度化解矛盾

宋鱼水认为，法官要实现司法公正，重要的不是履行了什么程序，而是为当事人解决了什么问题。基于这种理念，宋鱼水从不简单、机械办案，而是从实际出发，积极引导当事人用信任的方式解决纠纷，使社会矛盾降到最低。

一家房地产公司与一家影视公司因合同纠纷打上了法庭。原来，他们曾在合同中约定，由房地产公司将其下属的广告公司及物业管理公司租赁给影视公司经营。因为在租赁经营期间发生纠纷，房地产公司以违约为由将影视公司告到法院，要求解除合同。

宋鱼水做了大量的调查，发现影视公司经营不到1年，就使租赁经营的企业盈利100多万元。如果就案办案，会将一个好端端的企业搞垮。

本着对企业负责的态度，宋鱼水从全社会的经济利益考虑，多方做当事人的调解工作。她不仅与双方律师进行了法律方面的沟通，而且针对稳定联营体职工、减少社会不稳定因素、防止企业损失扩大等问题进行交流，希望双方律师在考虑当事人利益的同时，要有大局观念。经过宋鱼水的努力，两家公司终于达成调解协议。案件的审理最大限度地避免了双方当事人的经济损失，同时也消除了可能产生的不稳定因素。

前不久，宋鱼水接手了一起矛盾尖锐的纠纷案。为确保案件审理万无一失，宋鱼水先后组织进行了9次询问、4次勘验、4次庭审，并多次对双方进行证据指导，主持双方针对争议的技术问题提交了3轮书面意见和答辩。在查清事实的基础上，宋鱼水因势利导，促使这对冤家握手言和，并成为盟友，合并成立了一家新公司。这起案件的审理，使双方当事人对法律和法官有了全新的认识和理解。为表达对宋鱼水的感谢，当事人双方特意将新公司的营业执照复印了一份，送到了宋鱼水手里。

平等对待每位当事人

平等、公平地对待每位当事人和每一个案件，是宋鱼水在追求司法公正的过程中恪守的原则。她给自己约法三章：不轻视小额案件的审理，因为小额案件往往涉及老百姓的切身利益；公平对待每个当事人，无论他是平民百姓还是百万富翁，无论他家住京城还是来自外地；以宽容的态度尊重当事人，充分尊重当事人的尊严和利益。

1997 年前后，市政府明令出租车行业淘汰所有的小型面包车。因受更新指标时间的限制，出租汽车公司都向驾驶小型面包车的出租车司机提出解除承包合同、收回车辆的要求。这使靠车吃饭的“面的”司机面临暂时性失业，而与公司非法融资购车的司机尤感损失巨大，不能接受。于是，司机们纷纷向公司提出补偿要求。然而，出租汽车公司除遭受车辆更新期间停运损失外，还将为购车支付大笔费用，不愿也无力对司机们给予过多的补偿。双方的利益严重对立，问题一时难以解决。有些司机采取了上访、静坐、围堵交通等过激行为，更多的公司和司机在静观处理结果。

宋鱼水了解到纠纷产生的原因后，立刻意识到案件涉及司机及其家人的生活来源问题。

案件事关大局，既不能延误，也不能草率。宋鱼水及时开庭对案件进行合并审理，又分别与双方当事人进行长谈，指出他们买卖车辆的违法性、本次更新的社会意义等，要求他们既要顾全大局，又要妥善解决纠纷，要相信法律的公正，不要去做一些事与愿违甚至违法的事。宋鱼水细致的思想工作使当事人过激的情绪得到了缓和，对法律条文有了正确的理解，也加深了对法官的信任。

随后，宋鱼水又一面与同事进行深入探讨，一面继续进行调解。最后，多数司机与公司达成了协议。个别未达成协议的，宋鱼水及时进行了裁判。那些观望的公司和司机，也都依照法院裁判确定的原则解决了纠纷。此案的解决，不仅使出租汽车公司顺利恢复了经营，司机们也心服口服，取得了很好的社会效果。

作为基层法院的法官，宋鱼水经常承办的还有一些标的不大，但当事人又急迫解决的案件，如往工地上运送砂石砖瓦，工头拖欠运费；给餐馆供送鸡鱼肉菜，合同有疏漏或老板赖账，等等。每当遇到这类案件，宋鱼水都快速办理，并尽量使纠纷彻底了结，让这些做“小本生意”的当事人尽快拿到本该属于他们的钱。

宋鱼水坦言：“小时候的经历使我在潜意识里同情弱者。我觉得我更能体会他们的感受，理解他们的要求。”有人问宋鱼水，这样做是否符合法律精神？宋鱼水回答说：“法律是公正和善良的艺术，法官不能没有理解之心、宽容之心和爱人之心。”

勤勉敬业公正无私

宋鱼水认为，法官要做到公正司法，还必须勤勉敬业，做一个正直的人。

宋鱼水的勤奋努力在海淀区人民法院是出了名的。作为审判员，她年年结案在全庭名列前茅；担任副庭长期间，她主动带头承办重大、疑难案件；挑起知识产权庭庭长的重担之后，她凭借一股子钻劲儿，迅速熟悉了知识产权审判业务，很快成为内行，形成了一套特有的审判风格。同事李春梅说：“除了工作和学习，宋鱼水几乎没有业余生活。”

宋鱼水努力带领大家创建精品审判庭。2002年，在审判人员减少、案件数量急剧增加的情况下，宋鱼水身先士卒，带领全庭人员努力拼搏，创造了结案数最高的佳绩。为此，该庭荣立集体二等功。

当一名品格高尚、公平正直的法官，一直是宋鱼水人生追求有目标。她认为，法官也是人，不可能没有私欲，但高尚和卑微的区别就在于高尚的人能为整体利益抑制私念，作出正确的选择。宋鱼水的大学母校在海淀区人民法院管辖之内，老同学有的当了律师，有的下海经商。多年来，宋鱼水审过的案件中，当事人有她的老师，也有她的同学。托人情、买关系的事她曾多次遇到过。但宋鱼水认为，一名法官如果在人情关、关系关上失守，也许会得到一些看得到的东西，但失去的却是作为一个法官最神圣的公正和尊严。

每当遇到托人情、买关系的事，宋鱼水只有一句话："作为律师和当事人，我希望你们在法庭上发挥出最高的水平，能够说服我，使我的判决对你方有利。想通过别的途径达到这一点，那是不可能的。"

正是因为坚持了这一信条，宋鱼水的有些同学、朋友在宋鱼水担任审判长的案子里输掉了官司。有人问宋鱼水："输了官司的同学、朋友怨恨你吗？"宋鱼水毫不掩饰地说："肯定会。但我相信，我是按照法律原则判案，大多数人会理解我、信任我的。"也有人问宋鱼水有没有难以推却的人情干扰，她干脆地回答："只要心里不贪，就没有什么推不了的人情。"一位担任律师的同学谈起宋鱼水时这样评价："千万别指望她。她太老实了。"而多数人则称赞宋鱼水是个难得的好法官。

宋鱼水以自己的品行和工作诠释了法律的公正，赢得了一个个当事人的信任。这种信任，是对一个法官的最高奖励；这种信任，让我们看到了依法治国的光明未来！

【能力拓展】

"群众利益无小事"——任长霞的故事

任长霞，女，汉族，中共党员，河南省登封市公安局党委书记、局长。1964年2月8日生于河南省睢县，1983年加入公安队伍，做预审工作13年，在郑州公安系统、市政法战线及省预审岗位练兵大比武中均夺取过第一名，协助破获了大案、要案1 072起，追捕犯罪嫌疑人950人。1998年被任命为郑州市局技侦支队长后，她多次深入虎穴，化装侦查，亲自抓获了中原第一盗窃高档轿车主犯，先后打掉了7个涉黑团伙，抓获犯罪嫌疑人370多名，被誉为"警界女神警"。

2001年她调任登封市公安局局长，为河南省公安系统有史以来的第一位女公安局长。她始终把人民群众的疾苦和安危放在心上，她说："公安，公安，心中只有'公'，人民才能安；警察，警察，前面为什么加'人民'二字？就是让我们时刻牢记自己是人民的警察。""群众利益无小事"是任长霞的座右铭。为了全体人民的利益，她不顾个人安危，解决了十多年来的控申积案，共查结控申案件230多起。带领全局民警共破获各种刑事案件2 870多起，抓获犯罪嫌疑人3 200余人，有力地维护了登封社会治安和稳定的政治大局。

2004年4月14日20时40分，当任长霞为侦破"1·30"案件从郑州返回登封途中突遇车祸因公殉职后，登封"黑幛白花漫嵩山"，"城巷尽闻号啕声"，整个山城涌动着诗的潮水、哀的旋律。4月17日，14万群众自发为她送行，其哀其痛，其悲其壮，撼天动地，在千年历史的古城登封前所未有。

1. 从任长霞的身上我们能看到什么样的精神品质？一个到任仅3年的公安局长，何以能在这么短时间内赢得登封市60多万百姓的如此爱戴和敬重？

2. 从现在起学习为别人服务（包括家人、朋友、同学、老师等）。

情境5：培养精益求精、讲究质量的质量意识

【情境导入】

世界著名企业如何强化产品质量管理

质量是企业的生命。在现代国际社会，企业的竞争实质上是产品的竞争，而产品的竞争力主要体现在质量上。世界著名企业之所以具有强大的竞争力，很重要的一点，就在于它们始终围绕产品质量既是挑战又是机遇这一主题，改善经营管理，开发新技术，从而生产出质量更高的产品。

一、美国摩托罗拉公司运用"西格玛公式"控制产品质量

美国摩托罗拉公司于20世纪80年代中期将"西格玛管理公式"应用到质量管理之中。西格玛是一个统计学符号：标准偏差值。把这一概念应用到质量管理上就成了：西格玛指标越高，则达到质量标准的产品所占比例越高或次品所占比例越低。例如，假设公司要生产1 mm厚的锡盘，误差不能超过0.1 mm，再假定有95%的锡盘达到了这个标准，按常理说已经很不错了，但却只达到2个西格玛，即每100万个锡盘中有4.5个厚度误差超过了0.1 mm，而要达到6个西格玛，不达标的锡盘只能有3.4个，这对于任何企业来说都是质量管理上的巨大飞跃。目前摩托罗拉质量管理已达到6个西格玛，也就是说它们生产的每100万个产品中仅有几个次品。实行6个西格玛管理方式的关键是收集两种信息：即顾客需要什么样的产品和公司产品的构成。第一项工作一般是通过调查来完成；第二项工作则需要把一个组织的工作分解为具体的过程，然后再测定每一过程的残次率。摩托罗拉公司在应用西格玛管理公式中，先培训一批工人骨干，教给他们先进的统计技术，然后再由这些工人把这种管理方式推广到整个公司。西格玛管理公式使摩托罗拉质量管理方式发生了根本性变化。传统的质量管理方式是通过检查最终产品来测定产品的质量，而西格玛管理公式旨在控制整个生产过程。用企业管理的术语来讲，实行西格玛管理意味着从"可接受的管理水平"上升到"统计过程控制"的水平上。摩托罗拉产品是由成百上千个元件构成的，把质量控制的焦点从最终产品转向整个生产过程，不仅大大减少了次品数量，还提高了电子产品的精度要求。

二、杜邦公司的1% =100%质量管理公式

在杜邦公司的高层决策和经营人员中，流传着一个公式：1% =100%。这一看似荒谬的公式，却直接道出公司对待产品质量的严谨态度。他们认为，如果企业100个产品中99个优良，只要有一个有差错，只能算一等品（在杜邦的质量等级上，一等品是列为不良品的），那么，在买到这1个有差错产品的消费者心中，你的产品质量并不高，经过他的宣传，就会有更多的人认为你所有的产品都有问题。为此，杜邦公司不断升级产品质量实现目标。20世纪80年代后，杜邦公司提出了实现质量"零差错"目标，要求以消灭不良品为原则，使所有的杜邦产品100%达到优良等级。从那以后，他们借助科学的管理，运用先进机械设备，特别是注重引入电脑控制机制，使产品质量优良率不断上升，很快就实现了"零差错"的质量目标。

三、美国HP公司提出“宁愿不当第一，但是质量要第一”的口号

“宁愿不当第一，但是质量要第一”的意思是说，在产品开发上，可以不争先，不赶时髦，但是产品的质量一定要保持优良。美国HP公司深深懂得产品质量的优良是赢得信誉、提高竞争力、占据市场的最有力的武器。为此，公司的质量管理是从产品的设计、研制阶段开始抓起，贯彻到生产与销售的全过程中去，并反馈回设计部门。这种闭路网状的管理，要求设计、生产和销售部门共同对质量负责，质量绝非检验部门一家之责。在设计与生产阶段，技术人员常把产品正常工作的温度、湿度、振动等极限参数加在产品上，有意使产品出现故障，然后分析失效过程与机理，从而获得排除产品隐患的重要线索，采取正确措施，使产品在正常的工作条件下质量得到长期的保证。HP公司在世界60多个国家设有180多个经销处，公司规定必须定期报告对产品质量的反映，提供有关质量分析报告，这些信息很快反馈回设计部门，使新型号产品在质量上更上一层楼。

四、美国西方电讯公司从客户的眼光中寻找产品的质量缺点

西方电讯公司是美国电话电报公司所属的电话设备制造公司，公司对质量的重视程度之高，令人难以想象。产品检验经理布雷斯直言不讳地说：“必须从产品上找出缺点，才算尽到职责。所谓产品是否有缺点，是由客户的眼光来决定的，而不是生产者”。为此，电讯公司专门雇用1 100名检查人员，监督生产线上的质量管理工作。监察人员定期检验产品零件的生产设备，把不合格的送回重修，并把错误的数量，列成统计图表，以了解产品状态。如果错误太多，监察人员就把这些情形报告督导，督导可以立刻停止生产作业，直到找出症结，加以修整后再恢复生产。监察人员随时了解生产线上的作业情况，向督导作详细确定的报告，督导则须负起维护产品质量和产量的双重责任。质量管理人员检查过的产品，由产品检查人员再次做最彻底的检验，除质量管理部门外，西方电讯公司还设有维护中心，负责修理和检验产品。每5个星期，产品检验部门根据检验经过，写出两份报告，一份送工厂主管和执行厂务经理，一份转送公司总裁。由于产品检验制度的完备，客户们对产品根本不需再次验收。西方电讯公司由于重视质量，从而在客户中建立了良好的信誉。

五、奔驰汽车公司“精益求精”的质量原则

100多年来，“精益求精”一直是奔驰汽车公司的经营宗旨。在整个生产、经营过程中，从产品构思、工艺设计、样车研制、批量生产直至售后服务，“精益求精”四个字一直贯彻始终。为保证产品质量，真正做到不合格的零部件坚决不用、不合格的成品坚决不出厂。在奔驰汽车公司，从上到下形成了一个质量控制、监督网，各厂、车间、班组层层设立了质量保证机构，派有专人检验质量。在奔驰汽车公司的工厂中，单一个引擎就要经过42道检验。随着专业化协作的加强，奔驰公司许多零部件由协作厂提供，而零部件的质量直接影响到汽车的质量，为此，奔驰公司检查协作厂商所提供零配件的工作人员有1 300多名，并规定：如果一箱里有一个零件不合格就全部退货。由于长期严格坚持这一制度，协作厂商都能自觉地提高零部件质量。为帮助协作厂共同提高质量，奔驰公司也经常组织技术力量对协作厂开展技术咨询服务。

六、日本精工企业集团的“全球质量保证书”

人们都知道精工牌产品质量好，这与精工企业集团严格的质量管理制度是分不开的。精工电子工业公司常务董事长永田保洁说：“竞争越激烈，越需要生产出物美价廉的商品，否则就无法生存。”精工企业集团从20世纪50年代开始实行全面质量管理制度，各个公司和工厂都设立了质量管理机构，从总经理到一般职工，从生产领域到销售部门都开展质量管理活动。在车间，每8个人组成一个质量管理小组，小组有好的建议，可随时填写卡片上报，一经采纳，就根据经济效益给予一定的奖金。精工手表组装后，要送到实验室反复进行耐高温、耐低温、耐光、耐热、抗冲击、防磁、防震、防水和防尘等700多项实用模拟试验，各种试验全部通过才算合格。精工企业集团销售的精工牌产品均附有“全球质量保证书”，它通过世界各地的钟表维修网点为消费者提供良好的售后服务。

七、日本松下公司的质量管理系统工程

1984年，英国对欧洲市场上的电视机进行了一次抽检，结果日本松下公司的产品荣获第一名，开箱合格率100%。拥有20万员工，子公司遍布世界各国的日本松下电器公司高度重视产品质量，把各子公司、各事业部、各部门、全体职工组织起来，围绕公司的质量方针，制订质量计划，确立质量目标体系，在产品形成的全过程中实行系统管理，从而有效地建立了质量管理系统工程。松下公司对产品质量的要求十分严格。一般企业都从经济意义上来对待质量问题，当次品率从10%降到5%时，经济效益会大大提高，但从5%降到1%时，经济上就不一定合算了，可是松下公司却在次品率达到1%后还要想方设法地降到0.1%、0.01%、直到0。松下公司墙上的质量图表，废品率不是以百分之几表示，而是以万分之几来表示的。松下公司目前的废品率为0.03%~0.05%，近期目标为0.01%~0.02%，而长远目标是0。松下公司始终把产品开发中的质量保证放在极重要的地位。

【问题讨论】

1. 看到“世界著名企业如何强化产品质量管理”的案例，你受到什么启示？

2. 你如何理解先进的质量意识不仅是企业管理者应当具备的，也是企业每一位员工应当具备的素质。

3. 为什么说“精益求精、讲究质量”是企业竞争获胜的必要条件？

【知识提炼】

一、精益求精、讲究质量的含义

精益求精、讲究质量是社会主义职业道德所提倡的一种美德，是从业人员在职业道德中力求人生完美，对社会做出自身贡献的客观要求。精益求精是由宋朝朱熹所撰的《论语集注·学而》典故中提炼出来的。朱熹在这篇文章中写到：“治玉石者，既琢之而复磨之，治之已精，而益求其精也。”意思是说，雕刻玉器打造石器者，先要用工具琢出毛坯，然后再不断地研磨，哪怕是琢磨得已经很精致了，还要更加努力。精益求精运用到质量上是丰富了质量意识的内涵，讲究质量的意识是永无止境的。

我国作为社会主义市场经济的新兴国家，讲究质量不仅是社会主义经济自身健康发展的要求，而且是构建和谐社会、落实科学发展观的重要体现。在社会主义市场经济的建设中，作为高职院校的大学生，国家和人民赋予我们更多的社会责任，这就要求我们大学生要有精益求精、讲究质量的意识。

二、精益求精、讲究质量的重要性

1. 精益求精、讲究质量关系到企业发展和人民群众的切身利益精益求精、讲究质量是企业的生命和未来。在我国现阶段的市场经济条件下，竞争的焦点是产品和服务的质量，企业要求生存、求发展就必须以产品和服务的质量为基石，不断提高质量标准，并以此树立在社会上的质量形象和信誉。在市场经济竞争的态势下，企业要想长期兴旺发达，靠的就是过硬的产品质量和服务信誉。因此，应当在产品质量上精益求精，把讲究质量作为企业的生命。

我国青岛海尔集团这么多年来能够在市场经济中立于不败之地，走向国际市场，其中的奥妙就是企业全体从业人员都拥有强烈的质量意识。但是，也有一些企业的产品质量存在着严重的问题，这些严重的质量问题既伤害了消费者又败坏了企业的声誉。

■【案例】

2008年年初，为举行舞龙灯活动，康一村在龙湾区永中罗东大街的耐克旗舰店团购了一批运动鞋，其中男鞋95双、女鞋67双。这批鞋的团购总价为8万多元。穿过数日后村民就发现鞋面出现不同程度的脱胶现象，数量达100多双。消费者还发现，该耐克运动鞋包装盒上标注是"牛皮"，而实际上鞋面大部分是人造革。事发后，村民联系该耐克旗舰店要求调换其他款式运动鞋，商家同意调换，但调换的其他款式运动鞋不予打折，对此大部分村民表示不同意，最后仅少数村民以原价调换了其他款式的运动鞋。因与该商家协商未果，村民们遂向当地工商所消费委员会分会投诉。该分会受理此案，经调解，永中耐克旗舰店的负责人彭女士表示，该批运动鞋属于网球鞋，因为村民们用于舞龙灯时穿着，使用功能发生了变化，导致鞋子出现脱胶。对于村民们反映的鞋面是人造革材质的质疑，彭女士解释，鞋面前面有一部分是牛皮的，出现脱胶部分确属人造革材质，彭女士未否认鞋子存在质量问题。经调解，耐克经销商同意给予退货处理。

经营者对商品质量进行真实的宣传是法定义务，以一小块牛皮"吹"成整鞋牛皮，却在运动中如此经不起"折腾"，还不能引起经营者的反思吗？据反映，2008年该所辖区鞋业投诉中，耐克品牌投诉占第一位。国际品牌亦应严格遵守中国法律，加强诚信经营，树立品牌质量意识。

2. 精益求精、讲究质量是经济发展、净化社会风气的必然要求

质量成为道德问题是职业道德建设的深化要求。人们在实践中逐渐认识到，市场经济并非是赚钱经济，它的着眼点是合理配置社会资源，赚钱只是市场有效运行的结果。一切从业人员都应该遵循市场经济运行的规则，不应为追求个人利益最大化而损害大众利益，只有讲究质量意识才能被社会主义市场经济所接纳。因为社会主义市场经济不是无德的经济，它需要种种的秩序和道德规范，这不仅是市场经济有序运行的要求，也是社会主义制度的自身要求。随着我国社会主义商品经济的不断丰富和发展，人们则不仅要求产品的数量更加丰富，价格更加合理，而且讲究产品的质量和服务。而作为商品生产和经营的从业人员则必须要对产品精益求精、讲究质量，提高质量意识。

在我国社会主义市场经济体系不断完善的今天，一些不法之徒钻国家监管之漏洞，造成市场鱼龙混杂，不仅害国害民，造成社会财富和资源的巨大浪费，而且造成多方面的恶劣影响。因此，生产经营单位和从业人员树立精益求精、讲究质量的意识迫在眉睫，一定要花大力气来净化我们的社会风气。三鹿奶粉事件也许能给我们一些启发。

三鹿奶粉事件的发生，给人们以警示：一些人唯利是图、不讲道德是祸根。明知道"三聚氰

胺”是工业原料，人是不能食用的，为了获取利润，偏要昧着良心将它加到牛奶中；明知道牛奶贩子购买“三聚氰胺”是害人的，“三聚氰胺”的经销商还要几次找上门去推销；明知道牛奶中加进了“三聚氰胺”，奶粉厂还要制成奶产品销售。他们由无知走向故意，由见利忘义走向谋财害命，由不讲道德走向违法犯罪。这样，我们损失的不仅有财产，健康，生命安全还有道德的沦丧。沉痛的教训告诉我们：没有精益求精、讲究质量的意识，没有好的社会风气，就没有安全的食品。在全体公民中大力倡导“以诚实守信为荣，以见利忘义为耻”，是建设社会主义和谐社会一项十分重大而紧迫的任务，是与生活和发展紧密相关、需要我们每个人自觉承担、主动参与的社会责任和公民义务。

三鹿奶粉事件的发生，给人们以教育：欲建立企业，先建立信誉；欲做大企业，先做好信誉；欲做强企业，先做牢信誉。诚实守信一向被我们民族视为“立人之本”、“立政之本”、“进德修业之本”。能做大做强而且久盛不衰的企业，有哪个不是恪守信誉的企业？三鹿奶粉事件给消费者家庭、给社会造成了严重危害，害人者也受到了党纪政纪的严肃处理和国家法律的严厉制裁；生产厂家由红红火火的发展变成了冷冷落落的破产拍卖，给全国奶产业的生产带来了很大冲击，严重影响了中国在国际市场的竞争力。深刻的教训告诉我们：在现代社会主义市场经济建设的今天，精益求精、讲究质量的意识不仅是企业立足社会的根本，也是建立社会主义市场经济秩序、促进市场公平竞争的基础；不仅是做人之根本，也是企业生存和发展之根本。企业应当诚信经营，规范管理，在努力实现利润最大化的目标中，千万不能忘记自己应当承担的社会责任。

3. 精益求精、讲究质量是从业人员恪守职业道德的要求

质量是生命。而企业的生命掌握在每一个员工手里。产品质量好像人的身体健康。自身的健康如果出现问题，还能工作、学习发展吗？答案是肯定不行的。我们要把企业当成家，重视产品质量犹如重视自己的身体健康，我们不能让我们的身体垮掉，不能让我们的家垮掉。总之，作为企业的员工，我们要有正确的心态，养成良好的质量意识习惯，只有保证产品质量，才能保证企业的健康稳定发展。

任何产品和服务都是从业人员实施的结果。因此，从业人员能否将精益求精、讲究质量的意识与所从事的工作结合起来，直接关系到产品的质量和服务的信誉，关系到人民群众的切身利益，关系到社会风气的好坏。因此，每个从业者都应当树立对社会、对人民高度负责的精神，以职业责任和职业良心真正把国家和人民的利益放在首位，自觉地去提高产品质量和服务质量。作为当代大学生，国家和人民赋予了我们更多的责任，在未来的社会工作中必须有高度的责任感和敬业精神，树立精益求精、讲究质量的职业道德意识。

三、精益求精、讲究质量的具体要求

1. 树立“质量为首”的观念，提高从业人员的责任心

“质量为首”的观念是指从业人员在生产或工作过程中逐渐形成的，并支配其行为的关于产品或工作优劣程度的态度和信念。这种观念可以对从业人员的生产或工作过程的质量行为起引导、激励和规范的作用。树立质量为首的观念，是每位从业人员履行岗位责任的具体体现，它要求每位从业人员必须具备高度的质量意识和责任心，一丝不苟，具有创全优、高效服务的思想。

2. 诚实劳动把好质量关，保证质量的高标准

现代化的生产劳动不是一个孤立的群体，相互之间都有着千丝万缕的联系。生产经营单位的任何一个部门、任何一个环节、任何一个从业人员工作质量的好坏，都会不同程度地影响到产

品和服务的质量。因此，每个从业人员都必须诚实劳动，从自身做起，严把产品质量关，讲究质量，不要以孤立的质量观点去看待质量问题。现代化工业生产过程中的细密分工形成了一个紧密联系的整体，生产中任何一道工序出现了质量问题，都会影响整个生产过程的质量标准。

3. 提高业务能力，不断提高产品和服务质量

把好产品和服务的质量关，提高对产品和服务的质量意识凭借的是每个从业人员过硬的技能和良好的专业知识，是每个从业人员的精益求精、讲究质量的敬业精神，而不是凭借口头说辞。随着高新技术产业的迅猛发展，新的产品质量和服务的标准不断升级，这就从客观上要求从业人员尤其是专业技术人员必须不断学习新知识、新技能，以适应高新技术产业发展的要求。在经济全球化条件下，新的标准来自人类共同创造的成果，它既包括国内的，也包括国际的。只有学习和借鉴、吸收和掌握国内外的先进技术经验，并将其用于实践和服务之中，才能不断地提高产品和服务的质量。每个从业人员都应站在时代的前列认识提高产品和服务质量的重要性，并将其作为学习专业知识和技能的基本要求贯穿于工作过程的始终。

4. 以质量标准为中心，以服务质量为准则

任何一个生产和服务经营单位都要以产品质量标准为中心，以科学的态度对待产品和服务质量，不能以传统的经验和人为的标准判断产品质量的优劣。在经济全球化条件下，任何企业产品和服务质量的评定检验标准只能是具有法定效力的质量标准和国际上通行的标准，而不是自我随意确定的标准。这就客观上要求生产经营单位和服务经营单位必须树立科学严谨的质量标准意识。只有做到了以质量标准为中心，树立了这种以质量标准为中心的思想，并从组织上、措施上、工作上予以保证，企业提高产品和服务的质量才能落到实处。这种以质量标准为中心的科学理念不仅能够提高人类社会的物质文明，而且还成为社会主义职业道德在产品质量上的一条准则。

讲究质量、注重信誉，提高服务意识是社会主义职业道德要求人们在职业活动中必须共同遵守的一条基本行为准则。讲究质量、注重信誉，提高服务意识，就是要求每个从业人员视企业产品质量为生命，用信誉来担保。

【资料链接】

三角集团的发展之路

三角集团，以轮胎生产经营为主，兼营精细化工、机电维修和三产服务的大型企业集团。仅仅13年时间，三角集团固定资产、净资产分别增长了25倍、15倍，职工年人均收入从原来2 300元的基础上增加到17 000元，累计实现利税28亿元，上交税金18亿元，出口创汇4.3亿美元。三角集团成为国内轮胎企业供给内需和外贸出口的主力，销售额领先国内同行。产品在国内外市场上树立起过硬的品牌形象，成为同行业第一个“中国驰名商标”。

而仅仅是13年前，三角集团还是经营亏损、难以为继的企业。13年间的巨变，蕴藏着深刻的原因。众多经济学家、管理学家走访三角集团，得出了一个令企业振兴的法则：管理——将严格的、细微科学的管理渗透到企业流程的每一个神经末梢。这一看似朴素的法则在三角却衍生出了无穷的力量。质量管理抓住了根本。质量是赢得消费者的关键，质量创新是企业创品牌的主战场。这一看似简单的企业运行法则，却是决定企业胜负的根本。三角集团始终坚信，“缺乏可靠的质量保证，在市场上只能糊弄一时”。

随着人们生活水平的不断提高，除了追求经济性能外，人们对轮胎的安全适应性也提出越来

越高的要求，也就给轮胎的生产提出更高的要求。三角集团经营的主产品轮胎是一个特殊的消费品，其对自身产品质量的定义，不仅仅停留在内在质量特性和外在质量特性，而且从产品的性能、外观、形状、款式等对质量进行控制。集团认识到产品的工序质量与工作质量决定产品的品质质量。因此，集团把质量概念延伸到生产工序的每个环节和员工工作的每一步骤，从而有了企业高标准的质量概念。工序质量，是指轮胎每一道生产工序都能够稳定地生产合格产品的能力；工作质量，是指企业的管理工作、技术工作和组织工作对达到质量标准和提高产品质量的保证程度。三角集团的质量管理理念是产品质量只是工序质量和工作质量的综合反映。因此，三角集团将质量管理延伸到企业生产经营活动的全过程，强调的是质量形成的各部分的有机联系、相互制约的关系。正是基于对产品质量管理的认识突破，三角集团的质量管理才能科学有序地推进。

质量保证体系是三角集团质量管理的保障。它向轮胎用户保证产品质量在寿命期内可放心地使用，如果出现故障，企业愿意赔偿相应损失。三角集团的质量管理从生产领域又延伸到流通领域，使之无处不在。集团生产领域之外的协作单位与内部各环节技术、管理、经营活动的职责、任务、权限细化，建立统一这些活动的组织机构和质量信息反馈系统，形成了一个完整的质量管理体系有机体。

三角集团认为，没有质量的保证体系，质量管理就是有缺陷的。而集团着重要建立的保证体系，关键环节是高效灵敏的质量管理信息反馈系统。集团对相关信息流进行周密的收集与组织，包括市场需求动向、用户意见、工序质量表、不合格率、工艺规程等。这些质量信息最终成为集团进行质量决策、制订质量计划、组织质量改进、监督和控制生产过程、协调各方面质量活动的依据。

【能力拓展】

1. 三角集团立足国际市场的根本是什么？
2. 学会用质量的观点管理自己的生活。
3. 学会用标准的观点约束自己的学习和生活。

情境6：讲诚信演讲讨论

【情境导入】

渡边七遍是一名在日本留学的中国留学生。他名字的来历确实有一段引人深思的故事。

那年渡边七遍在日本留学，用的还是中国名字。他和大多数中国留学生一样，在课余时间到日本的餐馆洗盘子挣些小钱来养活自己。

日本虽然和中国同属亚洲，但很多规矩和中国不大相同，日本人的思维模式有两个特点：一，你是无罪的；二，你是诚实的。比如说餐馆里规定盘子必须洗七遍，老板交代完之后就相信你一定洗七遍。计件付酬，一天干下来，也赚不了多少工钱。

刚开始的时候渡边七遍很自觉，每个盘子都坚持洗七遍，但后来发现老板根本不来检查，在以后洗盘子时就偷偷地省去两遍，变成每个盘子只洗五遍。

这样洗出来的盘子根本就看不出来，最重要的是效率提高了很多，老板开始器重他，经常夸渡边七遍并给额外的小红包。

和渡边七遍一起打工的另一名中国留学生向他请教高效率的技巧，他毫不隐瞒地对那个留学生道："你怎么这么傻？你看，洗了五遍的盘子和洗了七遍的有什么区别？要想高效率就要聪明一点，少洗两遍嘛！"

后来，在一次抽查中，老板用专用纸测试出他洗的盘子清洗程度不够，就厉声责问他："一定要洗七遍！你为什么不遵守？这是规矩，是不能违反的！"

渡边七遍自认为有理："虽然我只洗了五遍，它一样保持了盘子的清洁，既省时又省水。"那意思是他不但不应该批评还应该表扬似的。

那个日本老板道："你是一个不诚实的人，我们无话可说，请你离开！"

让渡边七遍始料不及的更大的悲哀还在后边呢——他又到其他餐馆打工，有位老板上上下下把他打量了够："你就是只洗五遍盘子的那个人？对不起，我们不用你，我们不会用一个不守规矩的人的！"

第二家，第三家……渡边七遍好像一名病毒传染者，每家都不客气地将他拒之门外。

事情还没有结束，渡边七遍的那个日本房东也开始撵他，其理由是他的不良行为会对其他房客产生消极影响。渡边七遍就读的那所学校为此专门郑重地找他谈话："很抱歉，虽然你的学习很努力，成绩优异，但我们还是建议你转学。因为你的事已经搞得沸沸扬扬，这让我们以后怎么去招生啊？"

实在没有办法，渡边选择了回国，他发誓要重新开始，用"洗七遍盘子"的精神去开始新的生活。为了记住这次教训，时刻提醒自己，他将自己的名字改为"渡边七遍"，不是崇洋媚外或冒充假洋鬼子，实在是以示对此铭记在心啊！

评语：

这个故事告诉我们一个道理，那就是不诚实的人是寸步难行的！

【问题讨论】

1. 从渡边七遍的故事中，你想到了什么？
2. 你认为当代大学生的诚信度怎么样？
3. 讲诚信的重要意义是什么？

要求：分组讨论，由各组组长负责；讨论完后各组推荐一人汇报讨论结果。

【知识提炼】

一、人生在世"必诚必信"

诚实，即忠诚老实，言行一致，实事求是；守信，即恪守信约，履行诺言，言而有信。诚实守信既是社会公德对人们处事待人的要求，也是每个青年人应当遵循的道德标准。

人生在世，"必诚必信"。就是要做一个堂堂正正的人，必须诚实守信。自古以来，我国人民非常重视诚实守信的品德培养，故有"诚实贵于珠宝，守信乃人民之珍"的谚语流传。

世界各国人民都把诚信看得很重，如柬埔寨谚语云"宁愿失去金钱，也不失去信用"；英国民谚云"忠信可以移山"；南斯拉夫谚语曰"诚信重于珠宝"；法国人说"履行诺言是名誉的保证"；阿拉伯人说"说了就要做，答应了就得实现"；缅甸人认为"背信弃义等于刺人一刀"；土耳其人则认为“宁肯丧失性命，也不失去名誉”。

二、先学会做人 再学会做事

讲求信誉、诚实守信，是社会交往中应遵循的道德准则，在社会生活中有着重要作用。

1. 讲求信誉、诚实守信是做人做事的根本

两千多年前著名的思想家孔子就反复告诫他的弟子，要“谨而信”、“与朋友交，言而有信”、“人而无信，不知其可也”、“言忠信，行笃敬，虽蛮貊之邦行矣；言不忠信，行不笃敬，虽外里，性乎哉？”在孔子看来，为人处世，不要夸夸其谈，说话要算数；与朋友交往，要言而有信；如果一个人说话守信用，行为诚恳，即使是在蒙昧偏远之地，也可以顺利地自由行动；反之，即使是在本乡本土，也会处处难行。

现代社会也是如此。一个人如果不讲信誉，不讲诚信，他就不能与他人正常交往，在社会中也难以立足。在一般情况下，人与人的交往，没有严密的组织形式，那么，依靠什么来开辟并维持自己的交往渠道呢？人们不仅需要靠思想、情感、志趣、爱好等相互吸引，还要靠讲求信誉、诚实守信来维系。

一个人说话实实在在，说到做到，就会使人产生信任感，愿意同他交往、合作。反之，轻诺寡信，一再地食言，必然要引起人们的猜疑和不满。

【案例 1】

明代《郁离子》一书中有这样一则故事：济阳某商人过河沉船，他拼命呼救，渔人划船相救。商人许诺：“你如救我，我付你 100 两金子。”渔人把商人救到岸上，商人只给渔人 80 两金子，渔人指责商人言而无信，商人反责渔人贪婪。渔人无言地走了。后来，这个商人又乘船遇险，再次遇上渔人。渔人对旁人说：“他就是那个言而无信的人。”众渔人停船不救，商人淹死河中。

说话办事要言而有信，要把信誉当作自己的生命一样看待。做人做事要诚实守信，否则后果不堪设想。你怎样做人，就会怎样做事；要先学会做人，再学会做事。

2. 讲求信誉、诚实守信是个人成就事业的根基

讲求信誉、诚实守信是不可缺少的道德要求。人无信无以立，职业无信也不能立。遵契约，言而有信，是每个从业人员得以在市场竞争中立足的基本条件。

【案例 2】

李嘉诚是香港首富，关于他的成功之道，已有洋洋大书记载。但其实他的核心成功秘密只有一个字：诚。正如他所说：“我绝不同意为了成功而不择手段，即使侥幸略有所得，也必不能长久。”

李嘉诚驰骋商界，是从生产塑胶花开始的。当初，曾有一位外商希望大量订货。为确证李嘉诚有供货能力，外商提出须有富裕的厂家作担保。李嘉诚白手起家，没有背景，他跑了几天，磨破了嘴皮子，也没人愿意为他作担保。无奈之下，李嘉诚只得对外商如实相告。李嘉诚的诚实感动了对方，外商对他说：“从你坦白之言中可以看出，你是一位诚实君子。诚信乃做人之道，亦是经营之本，不必用其他厂商作保了，现在我们就签约吧。”没想到李嘉诚却拒绝了对方的好意，他对外商说：“先生，能受到如此信任，我不胜荣幸之至！可是，因为资金有限得很，一时无法完成您这么多的订货。所以，我还是很遗憾地不能与您签约。”

李嘉诚这番话使外商内心大受震动，他没想到，在"无商不奸，无奸不商"的说法为人们所广泛接受时，竟然还有这样一位"出淤泥而不染"的诚实商人。于是，外商决定，即使冒再大的风险，他也要与这位具有罕见诚实品质的人合作一回。李嘉诚值得他破一次例。他对李嘉诚说："你是一位令人尊敬的可信赖之人。为此，我预付货款，以便为你扩大生产提供资金。"外商的鼎力相助，使得李嘉诚既扩大了生产规模，又拓宽了销路，李嘉诚由此发展成"塑胶花大王"。

评语：

正如李嘉诚所说的："必须以诚待人，别人才会以诚相报。"李嘉诚靠着这个"诚"字，打拼天下，最终成为香港首富、世界名人。

3. 信立，则业立，信毁，则业毁

古人云：人无信不立，对一家企业来说也一样。信立，则业立，信毁，则业毁。对经营者来说，信誉和效益又是辩证统一的，信誉能带来效益，没有信誉也就没有效益。

职业活动中的诚信包括很多方面的内容，概括起来，一是必须保质保量地为客户提供产品和劳务，二是必须按时为客户提交产品和劳务，按时缴付所欠的款项；三是严格遵守诺言，严格履行合同；四是不欺诈蒙骗客户。

■【案例 3】

从厨房里闯出来的"美国面包大王"凯瑟琳，标榜她自己的面包是"最新鲜的食品"。为了取信于消费者，她在面包上特别注明了烘制日期，保证绝不卖存放过 3 天的面包。

起初，这个规定曾给她带来了巨大的麻烦，因为一种新产品上市，销路不可能马上好起来。存货一多，要严格执行"不超过 3 天"的规定就相当困难了。尤其是各经销店大都怕麻烦，虽然过期面包由凯瑟琳回收，但他们不愿意天天检查，换来调去，而宁愿把过期的面包留在店里卖。有的人还拼命抱怨凯瑟琳未免太认真，一个面包放了 3 天也坏不了，非要 3 天换一次不可？甚至连她负责推销的大女儿也大发牢骚，说给经销商增添的麻烦太多。但凯瑟琳坚持认为：如果也像别人一样，面包放一个星期再卖也没关系，怎么能标榜自己的面包是"最新鲜的"呢？吃的东西，新鲜度是最重要的条件之一。只要在消费者心里树立起良好的信誉，就成功了一半。经销商方面的矛盾可以作为管理问题来慢慢研究改善，但"超过 3 天不卖"的原则绝不能动摇。

有一天，员工在回收面包的途中正好遇到了遭水灾的难民，他们拦住汽车，要求购买面包。员工们说，不能呀，已经过期了，要是卖给你们，凯瑟琳会解雇我们的。他们坚持不把过期的面包卖给受灾的难民。饿急了的难民哪管这些，而是一抢而空。这一幕正好被一名记者看到，他把这则消息登在报上，一下子全美国都知道了凯瑟琳的面包是最新鲜的。订单就像雪片一样寄到了凯瑟琳的面包公司，面包销量剧增。

从 1943—1960 年，凯瑟琳只用了短短十几年工夫，就把一个家庭式的小面包店变为现代化企业，年营业额从 2 300 美元猛增到 400 万美元。

评语：

这个故事告诉我们一个道理，只有注重质量，注重信誉，诚实守信，才能够赢得消费者，占领市场。反之，就会落得个破产的下场。冠生园月饼事件就是一个反面的案例。

■【案例4】

2001年9月3日中午，中央电视台《新闻30分》栏目播出记者暗访，披露了南京冠生园食品厂把陈馅翻炒后再制成月饼出售的事件，在全国掀起轩然大波。

早在2000年中秋节过后，南京就有一些消费者反映，新买的月饼没到保质期就发生霉变的现象。因为缺乏第一手资料，媒体没有进行深入报道。中央电视台《新闻30分》栏目记者知道此事后立即前往南京暗访，断断续续经过一年的时间，拍到了南京冠生园食品厂回收再加工月饼的整个过程。他们首先剥去月饼的塑料外包装，用小铲刮掉月饼皮，剥出里面的馅料后，将被剥出来的月饼芯经过重新搅拌、炒制，盛放到桶和箱子里。近百箱"再生"馅料被送进冷库。

2001年7月2日，冠生园开始做新月饼，保存了近一年的馅料也被悄悄派上了用场。有时从冷库拖出来的馅料因为冷冻后太硬无法直接使用，就存放一夜让馅料回软，然后再投入使用。据目击证人说，在这些馅料中，有不少已经发霉，变质，上面长满了霉菌。

9月3日，中央电视台揭露"冠生园陈年馅料做新饼"一事后，江苏省及南京市卫生监督部门于当天下午紧急赶到冠生园食品有限公司，对其加工现场进行监督检查，当场查封大批成品及过期原料。

从9月3日起，原先备受商家宠爱的南京冠生园立即被"打入冷宫"。截至9月5日，冠生园被南京市场完全驱逐出局。南京的各大商场、超市惟恐避之不及，纷纷停售冠生园月饼。

据《南京日报》报道，南京冠生园食品有限公司已向市中级法院提出申请，要求破产。理由是：经营不善，管理混乱，长期亏本。

南京冠生园破产反映的是当前国内企业界普遍存在的一个问题。从经济角度讲，市场主体要追求最大的利润靠什么？靠的是自己的努力、讲求信誉和诚信。追求利润是企业的经济目标，但必须建立在诚实和守信的基础上，否则就要被社会抛弃。也就是说，只有在正常的经济秩序条件下，在遵守法律规范的基础上，才有可能获得持续的利润。同时，市场行为必须服从市场经济的规则，应当通过诚实、公平、合理的途径生财致富，而不是通过欺诈等手段获得不义之财。

4. 对公司的忠诚是员工素质中的必要条件

我们可以想象一下，你是一家企业的老板，你的一个员工的各方面表现都很出色，但他就是吃里爬外，跟你不是一个心眼，你会将企业的核心机密告诉他吗？你会对他委以重任吗？我想任何人都不会的。因为其他的东西还可以通过学习、实践等慢慢积累和掌握，唯独忠诚是很难培养的。因为它是由一个人的本质或品德决定的。一个雇员要想得到老板的重用，那么，他必须保证对老板和企业的忠诚，而身在曹营心在汉的员工是永远得不到重用的。

三、讲诚信并不难

法国著名文学家巴尔扎克在他所著的《乡村医生》中说："实际上，做一个诚实的人，存于心还不够，还得见诸行。社会仅仅靠道义的思想是生存不下去的，要生存，还需要符合于这种思想的行动。"的确，诚信重要的是行动和实践。

1. 要遵守诚信的道德规范

要求每个职业劳动者对国家、民族、工作和事业等有高度的责任感和献身精神；在工作、学习和生活中，实事求是，讲究实效，勤奋上进，任劳任怨；在人际关系上，光明磊落，坦诚相见，言行一致。

要求每一个职业劳动者对自己讲的话要承担责任和义务，言必有信，一诺千金。许诺是非常郑重的行为，对不应办的或办不到的事，不能轻易许诺，一旦承诺，则须认真兑现。一个人如果失信于人,就降低了自己的价值。如果在履行的过程中,情况有变,以致诺言无法兑现,要向请托者如实说明情况并致歉意,这与言而无信是两回事。

2. 要以诚信为荣,虚假为耻

要以诚信为荣,以虚假为耻。要在全社会树立一种以诚实劳动、合法经营为荣的社会氛围。要按市场规则办事,反对不正当的竞争;要树立诚信光荣,虚假可耻的观念,无论做人还是做事,都要重承诺、讲信誉。

世界500强企业很多都是"百年企业",他们在长期的经营过程中形成了良好的信誉,构筑了企业持续发展的"软实力"。通用电气有三个最重要的传统:一个是业绩,二个是诚信,三是变革。他们对员工做出这样的要求:诚信是我们做任何事的基础,是我们在其他国家发展或开发新业务的基础。每个人都要做到诚信,实际上每个人从加入通用电气的第一天开始,就要遵守诚信。诚信对于一个企业的信誉非常重要,而且最终有助于企业的业务做得更加成功。

3. 重合同,立信誉

有一家日本餐具社接受了美国油料公司定制300万套餐具刀叉的合同,交货期为8月1日,交货地点在芝加哥。这家餐具社组织了好几家工厂生产这批刀叉,由于其中的几家工厂误工,以致于7月27日才完工。但是从东京走海运到芝加哥,8月1日肯定到不了。若空运,就将损失一大笔利润。最后这家餐具社决定用空运,花费了30万美金的空运费,货物及时送到。这次虽然损失了不少利润,但是获得了美国油料公司的信任。之后,美国油料公司不断给这家餐具社下单,其业务量持续不断,利润也就跟着持续上升。

这就是企业重视合同的履行,宁肯牺牲一些利润也要为企业树立一个好的信誉,好的形象。因为信誉关系到企业的长远利益,正所谓"信立,则业立。"

【资料链接】

陈健:为战友守墓36载,《感动中国》2005年度人物获奖者

1969年8月15日,位于中苏边境的黑龙江省逊克县逊别拉河突发洪水,堆放在河边的国防物资电线杆被冲到洪水中，当时正在这里插队的上海知青金训华和陈健一起跳进洪水中，奋力抢救国家财产，在这次抢救国家财产的过程中，年仅20岁的金训华壮烈牺牲，比他小一岁的陈健活了下来。

在今年颁奖典礼上，《感动中国》节目对陈健的颁奖词称：“一个生者对死者的承诺，只是良心的自我约束，但他却为此坚守36年，放弃了梦想、幸福和亲情。淡去火红的时代背景，他身上有古典意识的风范，无论在哪个年代，坚守承诺始终是支撑人性的基石，对人如此，对一个民族更是如此。”

“我一辈子陪着你”，一个生者对死者的承诺。

30年前，20岁的上海知青金训华为抢救国家财产，在黑龙江省逊克县纵身跃入洪水不归。英雄的行为影响了整整一代人。30年来，当年受他影响而来到逊克插队的5 400余名上海知青陆续返城了，只留下了一位默默的守墓人。

他就是当年被金训华从洪水中救上岸的上海知青——陈健。

当年被金训华从洪水中救上岸的
上海知青——陈健

30年，无论刮风下雪，年复一年，他每年要到金训华墓地祭扫至少四次。

陈健不是不想回上海，也不是没有机会。一次生命的交换，让他内心留下了永远的歉疚。陈健说：“我无法用生命去报答他，我对我所做的一切，昨天没后悔，今天也不后悔，即使明天也不会后悔。历史也不该把金训华遗忘。”

当知青开始返城的时候，妻子对守墓不理解，提出离婚。陈健放弃了房产和孩子。他坚持要留在这里守墓。

在陈健家里，我们能看到许多当年有关金训华报道的报纸，报纸年久发黄，但陈健仍将这些像历史珍宝一样珍藏着。

留在北大荒的上海知青——陈健

【能力拓展】

1. 在别人的眼里你是一个讲诚信的人吗？

2. 从今天起养成一个好习惯，借人的书、钱等财物要及时还；不要轻易许诺，许诺的事情就要兑现。

情境7：团队精神的养成

【情境导入】

有这样一则故事：三个皮匠结伴而行，途中遇雨，便走进一间破庙。恰巧小庙也有三个和尚，他们看见这三个皮匠，气不打一处来，质问道："凭什么说'三个臭皮匠，胜过诸葛亮'？凭什么说'三个和尚没水喝'？要修改辞典，把谬传千古的偏见颠倒过来！"

尽管皮匠们谦让有加，和尚们却非要"讨回公道"不可，官司一直打到上帝那里。

上帝一言不发，把它们分别锁进两间神奇的房子里——房子阔绰舒适，生活用品一应俱全；内有一口装满食物的大锅，每人只发一只柄很长的勺子。

三天后，上帝把三个和尚放出来。只见他们饿得要命，皮包骨头，有气无力。上帝奇怪地问："大锅里有饭有菜，你们为啥不吃东西？"和尚们哭丧着脸说："我们每个人手里拿的勺子，柄太长送不到嘴里，大家都吃不着。"上帝嗟叹着，又把三个皮匠放了出来。只见他们精神焕发，红光满面，乐呵呵地说："感谢上帝，让我们尝到了世上最珍美的东西！"和尚们不解地问："你们是怎样吃到食物的？"皮匠们异口同声地回答说："我们是互相喂着吃的！"

上帝感慨万千地说："可见狭隘自私，必然导致愚蠢无能；只有团结互助，才能产生聪明才智呵！"和尚们羞愧满面，窘得一句话也说不出来。

中国谚语有云：一个和尚挑水吃，两个和尚抬水吃，三个和尚没水吃，又云：三个臭皮匠，胜过诸葛亮。

今天的话题就是从上面两句谚语演绎过来的，它是对缺乏团队精神和拥有团队精神的对比。团队精神就是一个集体中的每个人为了共同的目标，发挥各自的能力，达到最好的结果。

在当今这个市场经济的时代，如何在工作和生活中正确理解和对待这两句话，也是真正的利用团队精神去做好每一件工作的要点。

我们可以把三个和尚和三个皮匠分别看成是两个团队。

三个和尚没水吃，并不是因为这几个和尚分别有多么愚蠢，恰恰相反，一个和尚挑水吃，两个和尚抬水吃的时候，他们知道可以发挥自己和同伴的力量，为自己带来利益，而当三个人的时候，很明显，利益分配不均匀，导致没水吃，这是典型的小农意识，是他们分别各自为战，自以为是的结果，所以说，这个团队是失败的。

三个皮匠却合理利用了各自的才能，没有各自为战，因为一个人的才智是有限的，而集体的力量是无限的，三个皮匠如果像三个和尚一样，不共同想办法解决，肯定也是一个失败的团队。而三个皮匠恰恰变各自为战为团结一致，以一个团队，一个集体的智慧去成功地解决问题，最后的结果往往"胜过诸葛亮"。

一个人生活在社会中，不管你的生存状态如何，事实上你已经生活在一个团队里了，所以合作是必然的，任何成功的背后都离不开一个团队共同的努力。

【活动训练】

团队精神训练

一、每个班分若干队（组），选出队长，在指定的时间内每个队（组）想出队名、队歌。然后以队为单位进行表演：

1. 大声说出我们的队名是：×××；

2. 我们的队歌是：队员集体大声唱出队歌（声音越大、越洪亮、越整齐越好）；

3. 唱完后集体亮相做一个非常具有个性的动作展示给大家。

最后看哪个队的队名最响亮、最有创意，哪个队的队歌唱得最好、最动听、最有力，哪个队整体亮相的动作最好看、最有个性、最有魅力，分别给予奖励。

二、每个队以萝卜为题起一个队名（如胡萝卜）

每个小组开始做游戏时，手背后，先说本队名字两次，说的同时蹲下去三次。如“胡萝卜蹲、胡萝卜蹲，胡萝卜蹲完绿萝卜蹲（用手指向绿萝卜队）。”然后，绿萝卜队开始边说边蹲，依此类推。

三、快乐大转盘

围成两个人数相等的同心圆，圆圈中的人面对面相对而立。

在你面前的人，你可以有3种选择，与对方“微笑、握手或拥抱”。当你想微笑时，你就伸出一个手指高举至肩；当你想与对方握手时，就伸出两个手指至肩；当你想和对方拥抱时就伸出三个手指。假如对方的手指和你的一样，你们就按照你们的选择去微笑、握手或拥抱。如果不相同就什么也不用做，继续伸手指做游戏。

你和对面的人在一起的时间很短所以要抓紧时间，因为教练会马上命令你们各自向右边一步，你们又有了新的朋友，重新开始做游戏。

四、连环呼啦圈

团队是密不可分的整体，无论遇到什么挫折都不能松开手，有团队在，就会有人帮助你，而你在团队中也不能坐享其成。团队中任何人的一举一动都关系着整个团队的成败。

手拉着手组成一个大圆圈，然后把套在胳膊上的呼啦圈在不松开手的情况下让它转一圈。

五、解手链

每个小组围一圈，然后把你的左右手交叉在胸前，握住你身边那个人的右左手。在不松手的情况下把交叉拉手的形式，变成正常不交叉拉手的形式。

通过游戏活动让学生去体会团队精神的重要性。通过活动让同学们之间的关系更加亲近，融洽，彼此了解。学会分享，学会尊重，学会团结，学会宽容，学会理解，学会帮助，学会为整个团队争光。

【知识提炼】

一、团队精神的含义

所谓团队精神，简单来说就是大局意识、协作精神和服务精神的集中体现。团队精神的基础是尊重个人的兴趣和成就。核心是协同合作，最高境界是全体成员的向心力、凝聚力，反映的是个体利益和整体利益的统一，并进而保证组织的高效率运转。团队精神的形成并不要求团队成员牺牲自我，相反，挥洒个性、表现特长保证了成员共同完成任务目标，而明确的协作意愿和协作方式则产生了真正的内在动力。团队精神是组织文化的一部分，良好的管理可以通过合适的组织形态将每个人安排至合适的岗位，充分发挥集体的潜能。如果没有正确的管理文化，没有良好的从业心态和奉献精神，就不会有团队精神。

那什么是团队呢？所谓团队，是指互助互利、团结一致为统一目标和标准而坚毅奋斗的一群人。团队不仅强调个人的业务成果，更强调团队的整体业绩。团队是在集体讨论研究和决策以及信息共享和标准强化的基础上，强调通过队员奋斗得到胜利果实，这些果实超过个人业绩的总和。

古人云："人心齐，泰山移。"团队的核心是共同奉献。这种共同奉献需要每一个队员能够为之信服的目标。切实可行而又具有挑战意义的目标，能激发团队的工作动力和奉献精神，为企业注入生命活力。

企业的核心竞争力是什么？北大光华管理学院张维迎教授认为：企业的核心竞争力有五大特征：偷不去、买不来、拆不开、带不走和流不掉。优秀的团队精神才是企业真正的核心竞争力。一个企业如果没有团队精神，将成为一盘散沙。

二、团队精神的作用

1. 目标导向的作用

团队精神的培养，使员工齐心协力，朝着一个目标努力，对单个员工来说，团队要达到的目标即是自己努力的方向，团队整体的目标顺势分解成各个小目标，在每个员工身上得到落实。

2. 凝聚的作用

任何组织群体都需要一种凝聚力，传统的管理方法是通过组织系统自上而下的行政指令，淡化了个人感情和社会心理等方面的需求，而团队精神则通过对群体意识的培养，通过员工在长期实践中形成的习惯、信仰、动机、兴趣等心理，来沟通人们的思想，引导人们产生共同的认同感、使命感和归属感，反过来逐渐强化团队精神，产生一种强大的凝聚力。

3. 激励的作用

团队精神是员工自觉地要求进步，力争与团队中最优秀的员工看齐。通过员工之间正常的竞争可以实现激励功能，而且这种激励不能单纯停留在物质的基础上，还应包括得到团队的认可，获得团队中其他员工的尊敬。

4. 影响的作用

员工的个体行为易受团队精神的影响，群体行为也需要协调。团队精神所产生的影响功能，是通过团队内部所形成的一种观念的力量、氛围的影响，去约束规范，影响职工的个体行为。这种影响不是自上而下的硬性强制力量，而是由硬性影响向软性内化影响；由影响职工行为，转向影响职工的意识；由影响职工的短期行为，转向对其价值观和长期目标的影响。因此，这种影响更为持久有意义，而且容易深入人心。

微软公司在美国以特殊的团队精神著称。比如 Windows 2000 这些产品的研发，微软公司有超过 3 000 名开发工程师和测试人员共同参与，写出了 5 000 万行的代码。倘若没有高度统一的团队精神，没有全部参与者的默契与分工合作，这项工程是根本不可能完成的。

相反的情况也屡见不鲜。有个公司曾出现过这样的情况：一项工程布置下来，大家明明知道无法完成，却都不告诉老板。由于大家都知道反正也做不完，因此索性也不努力去做事，却花费更多的时间去算计怎么把这项工程的失败推诿到别人身上。正是这些人和这样的工作作风，最后几乎把这家公司拖垮。

为了培养良好的团队精神，建议同学们在读书之余积极去参加各种社会团体的工作。在与他人分工合作、分享成果、互助互惠的过程中，体会团队精神的重要性。

三、团队精神的基本要求

相传佛教创始人释迦牟尼曾问他的弟子："一滴水怎样才能不干涸？"弟子们面面相觑，无法回答。释迦牟尼说："把它放到大海里去。"

个人再完美，也就是一滴水；一个优秀的团队就是大海。

1. 应树立同舟共济、精诚团结的"团队精神"

当今社会分工越来越细，其又是一个有机联系的整体。每一项工作都与其他工作紧密地联系在一起，任何工作离开了他人的配合与协作都无法正常地运转。既然任何岗位和工作都不能孤立存在，而是处于与其他岗位和工作有机联系的整体之中，那么，就应树立同舟共济，精诚团结的"团队精神"；杜绝钩心斗角、互相拆台现象的发生，在干好各自的本职工作的基础上，众志成城，万众一心，成就我们共同的事业。

团结就是力量，人和才能政通。"一个篱笆三个桩，一个好汉三个帮"、"天时不如地利，地利不如人和"。只有大家齐心协力，才能创造出辉煌的成果。因此，加强团结，友好相处，已经成为社会主义职业道德建设中的一个重要内容。每个从业人员应当学会与他人配合和协作，不但"敬业"而且"乐群"。要十分注重搞好同事之间的团结，平等相待，相互帮助，相互尊重，相互理解，相互支持，搞好各环节上的协作是保持工作顺利进行、取得成功的必要条件。多看别人的长处，多看自己的短处，严于律己，宽以待人，虚心向同事学习，取长补短，友好相处。即使有了矛盾，也要与人为善，应顾全大局，胸襟开阔，不纠缠个人恩怨。"宰相肚里能行船"，尤其是与自己意见不一致的人，也能共同合作。通过批评与自我批评解决矛盾，共同创造一个和谐向上的工作气氛，同心同德干事业，保证整体功能有效地得以实现。

2. 要学会分享

在学习过程中，你千万不要吝啬把好的思路、想法和结果与别人分享，担心别人走到你前面的想法是非常不健康的，也无助于你个人的发展。有一句谚语说，你付出的越多，你得到的就越多。试想，如果你的行为让人觉得"你的是我的，我的还是我的"，当你需要帮忙时，别人会来帮助你吗？反之，如果你时常慷慨地帮助别人，那你是不是会得到更多人的帮助呢？

在团队之中，要勇于承认他人的贡献；如果借助了别人的智慧和成果，就应该公开声明；如果得到了他人的帮助，就应该表示感谢。这也是团队精神的体现。

3. 要懂得欣赏每个人的优点

欣赏每个人的优点并互相提供帮助，是团队精神的基石。即使你非常优秀，也不要太自满而瞧不起别人。实际上，现代社会人才济济，每个组织成员都很优秀，都有自己独特的一面。正所谓"寸有所长，尺有所短"。成员之间取长补短、互相合作产生的合力，要远大于两个成员之间的能力总和，这就是"1+1>2"的道理。

一个优秀的团队，就是把各种人才聚合在一起，使每个人都发挥出最大的力量。而且在工作中大家可以互相了解，在沟通中发现他人的优点。同时，聪明细心的员工也会发现自己的不足，并取长补短，虚心向周围的人学习，为了团体的目标，共同奋斗。

【资料链接】

在美国的一次艺术品拍卖现场，拍卖师拿出一把小提琴当众宣布："这把小提琴的拍卖起价是1美元。"还没等他正式起拍，一位老人就走上台来，只见他抄起小提琴竟自演奏起来。小提琴那优美的音色和他高超的演奏技巧令全场的人听得入了迷。演奏完，这位老人把小提琴放回琴盒中，一言不发地走下台。这时拍卖师马上宣布这把小提琴的起拍价改为1 000美元。正式拍卖开始后，这把小提琴的价格不断上扬，从2 000美元、3 000美元，到8 000美元、9 000美元，最后这把小提琴竟以10 000美元的价格拍卖出去。

同样的一把小提琴何以会有如此的价格差异？很明显，是协作的力量使这把小提琴实现了它的价值潜能。

一个人，一个公司，一个团队莫不是如此。如果只强调个人的力量，你表现得再完美，也很难创造出很高的价值，所以说"没有完美的个人，只有完美的团队"。这一观点被越来越多的人所认可。

在雅典奥运会上，中国女排在冠军争夺赛中那场惊心动魄的胜利恰恰证明了这一点。8月11日，意大利排协技术专家卡尔罗·里西先生在观看中国女排训练后认为，中国队在奥运会上的成败很大程度上取决于赵蕊蕊。可在奥运会开始后中国女排第一次比赛中，中国女排第一主力、身高1.97米的赵蕊蕊因腿伤复发，无法上场。媒体惊呼：中国女排的网上"长城"坍塌。中国女排只好一场场去拼，在小组赛中，中国队还输给了古巴队，似乎国人对女排夺冠也不抱太大希望。

然而，在最终与俄罗斯争夺冠军的决赛中，身高仅1.82米的张越红一记重扣穿越了2.02米高的加莫娃的头顶，砸在地板上，宣告这场历时2小时零19分钟、出现过50次平局的巅峰对决的结束。经过了漫长的艰辛的20年以后，中国女排再次摘得奥运会金牌。

电视观众熬夜看完了整场比赛，惊心动魄后是激动的泪水，就像在20年前看到郎平、周晓兰、张蓉芳等老一辈中国女排夺冠时一样激动。

女排夺冠后，中国女排教练陈忠和放声痛哭两次。男儿有泪不轻弹，个中的艰辛，只有陈忠和和女排姑娘们最清楚。

那么，中国女排凭借着什么战胜了那些世界强队，凭借着什么反败为胜战胜俄罗斯队？陈忠和赛后说："我们没有绝对的实力去战胜对手，只能靠团队精神，靠拼搏精神去赢得胜利。用两个字来概括队员们能够反败为胜的原因，那就是忘我。"

一个有高度竞争力的组织，包括企业，不但要求有完美的个人，更要有完美的团队。移动通信行业发展快速，只有10年历史的手机，产品几乎每18个月就更新换代一次。为反映这一行业特性，诺基亚在中国的5 000多名员工的平均年龄只有29岁。诺基亚希望他们能跟上快节奏的变化，采取"投资于人"的发展战略，让公司获得成功的同时，个人也可以得到成长的机会。

在诺基亚，一个经理就是一个教练，他要知道怎样培训员工来帮助他们做得更好，不是"叫"他们做事情，而是"教"他们做事情。

诺基亚是移动电话市场的旗舰厂商，在市场竞争日益激烈的情况下，诺基亚的移动电话增长率持续高于市场增长率，从1998年起它就位居全球手机销售的龙头，目前占有全球1/3的市场份额，几乎是位居第二的竞争对手市场份额的两倍。诺基亚在中国的投资超过17亿美元，建立8个合资企业、20多家办事处和2个研发中心，拥有员工超过5 500人。

诺基亚公司的成功得益于他们的团队精神。

【能力拓展】

1. 在学校举办的春季运动会中你会扮演什么角色？
2. 如何发挥团队精神、通力合作，使班集体在运动会当中的团体分比以前有所提升？
3. 利用业余时间多参加社团活动。

模块二：就业指导

情境8：自我职业生涯规划展示

【情境导入】

又是一年招聘热季。在浩浩荡荡的求职大军中，有的人信心十足，有的人仓促应战，还有的人屡战屡败又屡败屡战。每个人都希望找到一份适合的工作，但也总有那么一些人，怀揣着履历，一次又一次走向下一个招聘单位。

“能力不足+计划不明：他始终‘漂’在北京”

因为学校的宿舍不足，小张在北京读书的时候就住在小月河附近的求职公寓里。大学毕业后他顺理成章地继续在那里租了个床位安顿下来，开始了他的“北漂”生活。

毕业的前几个月，小张找到一家公司开始实习。他本科学的专业是计算机，可要做的却是销售。按照他的说法，“理工科的男生，嘴笨，人也不够灵巧”，刚去的时候，他甚至连打电话联系客户都不会，不知道怎么开口。每天上班，小张就坐在那里，看着别人打电话，希望能“偷学点儿什么技巧”，但是半个月过去了，个性内向也没有多少私人资源的他依然没有能够“出单”（销售行业的术语，出单意味着销售成功）。

一个月后，小张被调到了广告部，他觉得广告部的技术设计跟自己的专业还比较沾边，就留下来继续实习。和他一起工作的是4个女生，于是，“泡茶，买早餐、午饭，我每天就只给她们跑腿了”。他知道，如果自己这个月再不能有所表现的话，别说留下来工作了，实习期就得走人。因为表达能力不强，小张在团队中很难表达自己的意见和建议。好不容易有了一次参与广告设计的机会，小张发现自己总是被别人的思路牵着走，没办法提出自己的创意。“我大学里专业实践不多，动手能力也不是很强。”所以，他很难参与到广告制作当中，没多久就被同事们彻底忽略了。于是在实习了两个多月后，小张离开了那家公司。

后来，他辗转在几家公司实习、工作，终于在一家私营贸易公司找到一份电脑维护的工作。每天，小张都要坐一个半个小时的公交车到单位。空闲时间他会看一些贸易方面的专业书籍，“贸易这行还是很有发展空间的，我不想一辈子都做电脑维护”。

小张说他希望能开一家自己的贸易公司，但是前一阵子他听公司同事说，这行也赚不到太多钱了，于是他又开始动摇，准备去大学同学所在的一家证券公司试试。

小张家在安徽农村，他哥哥念完大学也在北京打拼。他们俩是村子里唯一的一对大学生兄弟，现在又都留在北京工作，这一直是家人的骄傲。“我不想回去，也不能回去。如果回去了，我不仅找不到适合自己的工作，我们一家人的脸往哪里搁啊？”

大学毕业快三年了，小张依然“漂”在北京。现在他一个月的工资不到3 000元，只好继续在小月河附近租便宜的床位住着，每个月攒下来的钱都尽可能寄回家去。

【问题讨论】

你认为小张毕业三年依然“漂”在北京的原因是什么？

【生涯展示】

1. 要求每个学生利用一周的时间以幻灯的形式制作职业生涯规划。
2. 各小组选派两个代表上讲台来演讲自己的职业生涯规划。
3. 老师根据每组学生演讲情况分别对小组及个人打分，并进行表扬鼓励。

【知识提炼】

当今，大学生的职业生涯规划是个时髦的话题，许多大学开设了相关的课程或是专题报告与讲座，网络上也大肆炒作，一时间职业生涯规划成了大学毕业生最为关注的热点之一。但不少大学毕业生还没有真正理解职业生涯规划的确切含义，对职业生涯规划的重要意义认识不足，不了解职业生涯规划的程序，缺乏进行规划的具体指导。所以不少大学生对职业生涯规划或冷眼相对，或茫然无所适从，或使规划流于形式，或不顾主客观条件任意随自己的兴致来“规划”，这都会导致职业生涯规划的作用不能充分发挥。

一、职业生涯规划的含义

职业生涯规划（career planning）简称生涯规划，又叫职业生涯设计，是指个人与组织相结合，在对一个人职业生涯的主客观条件进行测定、分析、总结的基础上，对自己的兴趣、爱好、能力、特点进行综合分析与权衡，结合时代特点，根据自己的职业倾向，确定其最佳的职业奋斗目标，并为实现这一目标做出行之有效的安排。生涯设计的目的绝不仅是帮助个人按照自己的资历条件找到一份合适的工作，达到和实现个人目标，更重要的是帮助个人真正的了解自己，为自己定下事业大计，筹划未来，拟定一生的发展方向，根据主客观条件设计出合理且可行的职业生涯发展方向。

二、职业生涯规划的意义

大学生首先要认识到生涯规划的重要意义，职业生涯活动将伴随我们的大半生，拥有成功的职业生涯才能实现完美人生。因此，职业生涯规划具有特别重要的意义。

1. 职业生涯规划可以发掘自我潜能

一份行之有效的职业生涯规划将会发挥以下几个方面的作用：

（1）引导你正确认识自身的个性特质、现有与潜在的资源优势，帮助你重新对自己的价值进行定位并使其持续增值；

（2）引导你对自己的综合优势与劣势进行对比分析；

（3）使你树立明确的职业发展目标与职业理想；

（4）引导你评估个人目标与现实之间的差距；

（5）引导你与实际相结合的职业定位，搜索或发现新的或有潜力的职业机会；

（6）使你学会如何运用科学的方法采取可行的步骤与措施，不断增强你的职业竞争力，实现自己的职业目标与理想。

2. 职业生涯规划可以增强发展的目的性与计划性

生涯发展要有计划、有目的，不可盲目地“撞大运”，很多时候我们的职业生涯受挫就是由于生涯规划没有做好。古语讲，凡事“预则立，不预则废”就是这个道理。

3. 职业生涯规划可以提升应对竞争的能力

当今社会处在变革的时代，到处充满着激烈的竞争。物竞天择，适者生存。职业活动的竞争非常突出，要想在这场激烈的竞争中脱颖而出并立于不败之地，必须设计好自己的职业生涯规划。这样才能做到心中有数。而不少应届大学毕业生不是首先做好自己的职业生涯规划，而是拿着简历与求职书到处乱跑，总想会撞到好运气找到好工作。结果是浪费了大量的时间、精力与资金，到头来感叹招聘单位是“有眼无珠”，不能“慧眼识英雄”，叹息自己“英雄无用武之地”。这部分大学毕业生没有充分认识到职业生涯规划的意义与重要性，认为找到理想的工作只靠学识、业绩、耐心、关系、口才等条件，认为职业生涯规划纯属纸上谈兵，有那时间还不如多跑两家招聘单位呢。这是一种错误的理念。实际上，有了清晰的认识与明确的目标之后再把求职活动付诸实践，未雨绸缪，先做好职业生涯规划，这样的效果要好得多，也更经济、更科学。

三、大学毕业生职业生涯规划的流程与主要内容

要做好职业生涯规划就必须按照职业生涯设计的流程，认真做好每个环节。职业生涯设计的具体步骤概括起来主要有以下几个方面：

1. 自我评价

也就是要全面了解自己。一个有效的职业生涯设计必须是在充分且正确认识自身条件与相关环境的基础上进行的。要审视自己、认识自己、了解自己，做好自我评估，包括自己的兴趣、特长、性格、学识、技能、智商、情商、思维方式等。即要弄清“我想干什么、我能干什么、我应该干什么、在众多的职业面前我会选择什么”等问题。

自我评价的过程其实就是弄清“我想干什么、我能干什么”的问题。

2. 确立目标

哈佛大学关于目标对人影响的跟踪显示，在调查对象中3%的人有清晰而明确的中长期目标，25年后他们生活在社会的中上层，成为各行业不可或缺的专业人士；60%的人目标模糊，25年后他们能安稳的生活与工作，但都没有什么特别的成绩；27%的人没有目标，25年后他们生活在社会的最底层，生活不如意，常常失业，抱怨他人。足以证明，职业生涯的目标，就是职业生涯设计的核心，坚定的目标将成为追求成功的驱动力。

确定职业目标，就是要依据明确的职业目标，去规划自己的学习和实践，为实现职业目标进行积极准备并付诸实际行动。

确立目标是制定职业生涯规划的关键，通常目标有短期目标（1～3年）、中期目标（3～8年）、长期目标（8～20年）和人生目标之分。长期目标需要个人经过长期艰苦奋斗、不懈努力才有可能实现，确立长期目标时要立足现实、慎重选择、全面考虑，使之既有现实性又有前瞻性。短期目标要具体，对人的影响也更直接，也是长期目标的组成部分。

3. 环境评价

职业生涯规划还要充分认识与了解相关的环境，评估环境因素对自己职业生涯发展的影响，分析环境条件的特点、发展变化情况，把握环境因素的优势与限制。了解本专业、本行业在社会上的地位、发展形势以及趋势。

环境评价的过程其实就是分析“社会允许我干什么”的问题。

4. 职业定位

职业定位就是要为职业目标与自己的潜能以及主客观条件谋求最佳匹配的职业定位。良好的职业定位是以自己的最佳才能、最优性格、最大兴趣、最有利的环境等信息为依据的。职业定位过程中要考虑性格与职业的匹配、兴趣与职业的匹配、特长与职业的匹配、专业与职业的匹配等。

职业定位的过程其实就是弄清"我应该干什么、在众多的职业面前我会选择什么"的问题。

职业定位应注意：

（1）依据客观现实，考虑个人与社会、单位的关系；

（2）比较鉴别，比较职业的条件、要求、性质与自身条件的匹配情况，选择条件更适合、更符合自己的特长、自己更感兴趣、经过努力能很快胜任、有发展前途的职业；

（3）扬长避短，看主要方面，不要追求十全十美的职业；

（4）审时度势，及时调整，要根据情况的变化及时调整择业目标，不能固执己见，一成不变。

5. 实施策略（行动方案）

就是要制定实现职业生涯目标的行动方案，并要有具体的行为措施来保证实施。没有行动，职业目标只能是一种梦想。要制定周详的行动方案，更要注意去落实这一行动方案。

6. 评估与反馈

整个职业生涯规划要在实施中去检验，及时诊断生涯规划各个环节出现的问题，找出相应对策，对规划进行调整与完善。

由此可以看出，整个规划流程中正确的自我评价是最为基础、最为核心的环节，这一环做不好或出现偏差，就会导致整个职业生涯规划各个环节出现问题。

【资料链接】

职业生涯规划书范例一：

职业生涯规划书

记得刚进大一时，我对大学生活充满了好奇和期待。但第一个学期过去了，我渐渐地发现自己找不到前进的方向和动力。也许是因为自己还不太适应大学的生活方式；也许是找不到大学的学习方法；也许是觉得在无数精英面前，自己显得特别的弱小……当时的我真的不知道如何去面对每一天的到来。就在这个时候，我选修了"大学生职业生涯规划"课，从此开始了一段自我认知、自我探索、自我决策、自我规划的美好旅程。回想一个学期的课程，自己的确收获了太多太多，我似乎看见了在一片属于自己的梦想天空中尽情翱翔的自己。我想，自己现在要做的就是用实际行动去实现我的梦想。

一、自我分析

1. 我的性格特点

我是一个时动时静的女孩。在需要进行交流的时候，我心中的激情随之迸发，表现出外向的一面；在需要冷静下来的时候，我会一个人安静地思考，表现出内向的一面。我对每一件事情都很执著，但有时候会因为太执著而伤害到身边的人。我很有耐心，喜欢指导和引导他人。

我的语言表达能力和人际交往能力还有待提高。对自己需要完成的任务很有责任感，不会因为特殊情况而耽搁。但常常缺乏管理时间的能力，有时空闲，有时又忙得不可开交，还有许多定下的短期目标无法预期实现。我对待生活特别感性，容易被身边的人和物所影响。我觉得这是因为缺乏定力。我崇尚新思想、新方法和新事物，认为新的事物会为我的生活带来鲜活的力量，但我又缺少冒险精神，以至于很多事情由于无法踏出第一步而失去机会。在困难面前，我会不断鼓励自己。尽管这样，我的生活有时还是会因为这些困难而变得有点小曲折。

2. 我的价值观

我不是一个喜欢追求名利的人。但在这样的现实生活中，我们又不得不为了生存而奔走忙碌。所以我只希望通过自己的奋斗和努力，去创造属于自己的小财富，同时也要实现自己的人生价值。我希望自己变成一个大家都信任的人，并用自己的所得给大家带去切实的帮助。我始终相信人性是善良的，人间是温暖的。我喜欢做自己喜欢做的事，也喜欢在自己喜欢的地方工作，所以我希望从事自己喜欢的职业并有所发展和提高。同时我也希望自己的工作能对社会、对国家的发展有所贡献。因为在生活中我是一个感性的人，所以我要让我的生活、家庭和工作达到一个相对稳定的状态。

3. 我的相关技能和潜能

● 相关技能

身体方面：获得新知识、新方法的能力，实际操作能力，做出实际行动的能力，表演能力等。

智力方面：理性思考的能力，解决、分析问题的能力，有一定的想象能力，果断做出决定的能力，引导别人的能力，应变能力等。

社会方面：与人合作的能力，激励自己和他人的能力，帮助他人的能力，与人交流的能力，组织能力等。

● 潜能

我是一个对新事物很感兴趣，充满激情的人。对事物具有很强的反应能力，对突发状况具有很强的应变能力。这些都可以看出我具有一定的可塑性。也就说明我存在着一定的发展潜能。

二、职业选项

我的职业选择及决策理由：

方向一：大学教师。

当老师是我从小就有的理想。老师在我的生命中扮演着相当重要的角色，是他们让我了解了这个世界的精彩与糟粕，让我知道了做人的道理，让我明白了如何去面对我的未来……我希望自己也能像他们一样，为中国的教育事业贡献出自己的一份力量。教师是一个相对稳定的职业，而我也希望自己在35岁之前获得一份稳定的工作。又加上我对自己的要求和期望较高，所以我的第一职业目标是大学教师。

方向二：IT企业。

在信息技术和科学技术日益发展的今天，IT行业已经成为一个迅速发展并具有巨大发展空间和发展潜力的行业。我的专业是信息与计算科学，IT行业正是这个专业一个大的就业方向。我已掌握信息方面和计算机方面的专业知识和实际操作技能，这为进入IT企业奠定了一个很好的基础。

三、影响职业决策的因素

1. 内部因素

自身因素：我存在着一些性格上的弱点。比如，对事物的判别能力较低，抗干扰能力低，很想表现却缺乏表现的勇气。所以我希望通过一些具有一定难度和挑战性的职业来历练自己。

家庭因素：我出生在一个普通的小城镇家庭。父母从小对我的管教就很严格，很注重我在思想上、行为上的发展。他们让我知道，我要做是一个平凡却不平庸的人。

2. 外部因素

社会环境因素：要想在竞争激烈的今天脱颖而出，首先应该了解我们所处的社会环境因素，其中最重要的就是职业环境因素。因为它将与我们的职业选择及就业直接相关。

人才供求因素：随着人才竞争的愈演愈烈，社会明显存在供大于求的严峻局面。我们必须跟上社会发展的脚步，否则将会被淘汰。

资源因素：我们对职业的选择还必须考虑我们所得到的资源，避免进入职业选择的误区。我现在最缺少的是人脉资源，其次是经济、信息资源。但我会加倍努力去扩展自己这方面的资源。

四、三年内的行动计划

我的大一生活已经结束了。回望这一年的学习和生活，自己的确学到了不少东西，但这些离我的期望值还很远。为了明天，我必须行动起来，用奋斗的汗水去浇灌我的生命之花。

大二：

努力学好本专业的基础知识。争取专业课成绩都在90分以上，选修课的成绩都达到优。

把英语学好。能熟练运用英语语法、词汇和句子。每天至少花半个小时的时间学习英语，同时注意英语学习的方法和步骤。规划时间进行单词、常用词组和句型的背诵，并且在一定时间的学习后进行总结和归类。顺利通过英语6级考试。

掌握基本的计算机技能并对计算机方面的一些领域进行初步探索。尝试考国家计算机二级证书，并尝试做一些实际工作，如自己制作网页，编写一个操作系统等。

保证每周写一篇文章，训练自己的写作能力。

听一些对自己有帮助的讲座，积极参加课外活动、志愿活动。在课余时间找一些与自己就业方向相关的兼职来做。

在学习之余，密切关注本专业的就业前景。收集与自己职业选择方向相关的信息和资料，并对其进行分析。

大三：

在学好本专业基础知识的同时，逐步扩展自己的知识面。找机会旁听本专业研究生的课，为自己是否考研究生和考什么专业的研究生作一个参考。

重点攻克英语口语，能进行基本的口语交流。在学习本专业之余，旁听英语专业的课。

计算机实用技术已成熟，具有计算机编程能力，数据库、计算机网络和数学软件的知识及使用技能。

通过收集相关信息、人物访谈、招聘会洽谈、和相关企业对话、参加社会实践等方式明确自己的职业目标。

结语：

任何规划的有效实施，都必须靠我们的实际行动，否则将没有任何意义。我们的明天应该由我们自己做主。我相信通过自己一点点的努力、一点点的进步和一点点的突破，一定会创造出自己美好的明天。努力吧，奋斗吧，让生命之花永开不败。

职业生涯规划书范例二：

职业生涯规划

第一部分 前 言

雨果说的好："生活好比旅行，理想是旅行的路线，失去了路线，就好比停止前进了，生活既然没了目的，经历也就枯竭了。”

生活对于有梦想的人是温暖的，对于没有梦想的人或者梦想卑微的人是冷酷的，俄国有位政治家说“谁是生活的迟到者，生活就会惩罚谁”。所以与等待命运的安排相比，我更愿意来设计我的人生，规划我的职业生涯。

第二部分　自我评估

我是一名大学二年级的学生，市场营销是我的专业，也许选择这个专业就能够说明我的性格特点，活泼外向，但这不是我完全的性格的特点。我还有性格的弱点，比如说我很固执，朋友们都这样评价我，完全属于不撞南墙不回头的那种。另外，我的自我评价是不拘小节，然而朋友们则不以为然，奉劝在下曰“一屋不扫何以扫天下”？有时我会因为自己的性格而做错事情，这时我会虚心接受朋友的批评，感慨“细节决定成败啊”！

兴趣爱好：比如我喜欢运动，爱好音乐。

我的职业性格特征：

- 我做事比较专一，从不三心二意，一旦认准了的事情就会很认真地完成；
- 总是爱做我喜欢做的事情，不喜欢的事情不愿意去做；
- 与人合作时，我总喜欢发表自己的意见，然后再听取别人的意见；
- 工作或学习上有所成就时总是爱沾沾自喜；
- 性格比较直爽，说话办事总是比较直接，不喜欢吞吞吐吐；
- 做事能够遵循职业规则，喜欢按规则办事；
- 我有很强的责任心，勇于承担责任，不喜欢和没有责任感的人合作，做感兴趣的事有信心，有很强的逻辑思维能力，善于听取他人意见和建议。

第三部分　确定目标

- 学习目标

刚上大学二年级的我认识到学习知识的重要性，尤其在这样一个充满竞争的时代，没有知识和技能是无法在这个社会立足的。

在开学之初，我就为自己制定了学习目标。我所学的经济管理类的学科特点很明显，各学科之间的联系很紧密。所以学习营销的学生也可以学习电子商务，还可以学习会计电算化，工商管理等，因为这些学科之间存在着很大的联系。我会在学习好本专业的同时也认真学习其他相关专业的知识。

另外，像英语这类学科是很有用的，无论是学习文科还是工科都需要学好外语，所以我会充分利用我的学习时间来学习外语，争取在大学三年内考过英语四级。

我还将用我的其他时间学习会计，大学期间拿下会计证，学习统计，并拿下统计证。

- 职业目标

俗话说得好：人无志不立。意思就是说一个没有远大志向的人是没有办法立足于这个社会的。大学二年级的我如何选择，如何定位，如何创新，都是我该思考的问题，选择市场营销专业，我就想以此为我职业生涯的突破点，我想仅仅凭借我高职三年学习的东西应聘到企业是远远不够的。

所以我为自己设定了近期、中期和长期目标：

➢ 近期目标（2010—2012 年）

即毕业后继续学习，考取本校市场营销本科专业。

➢ 中期目标(2012—2015年)

即我将利用我的本科学历来竞争到企业销售部门做职员。利用3年的时间做出销售业绩,竞争销售部门基层管理者,在这期间我会边工作边学习营销策划知识,并运用于工作之中。

➢ 长期目标(2015—2025年)

积累了销售经验并拥有一定的经济实力后,我将自己当老板开办属于自己的网上鲜花店面。用10年的时间独立经营,努力打拼出一定规模的公司。

- 个人修养目标

诸葛亮在《诫子书》里面有这样一句话说得好,“非淡泊无以明志,非宁静无以致远”。人生能够积极进取固然很好,但是我们也一定要看淡名利,追求一种宁静的心态,不要让利欲熏心,要拥有一颗善良的心灵。不需有济世度人的慈悲,但应该有:穷则独善其身,达则兼济天下的胸怀。我觉得人生修养的最高境界莫过于:当你与农夫交谈不失谦恭之态,与王侯散步不露谄媚之颜。这就是我的个人修养目标,也是我终生都将受用的职业修养。

- 生活目标

找到我喜欢的工作,认真工作,用辛勤的劳动创造富足的生活,用积极的生活态度,面对我人生中的成功和失败。

做自己喜欢做的,坚持自己想要坚持的,只要自己觉得快乐,觉得有意义就好。

第四部分 环境评估

家庭环境:我来自内蒙古赤峰市,我的父母倾尽他们一生的精力来供子女读书。和大多数人的父母一样,我的父母虽然没有多大实力为我的事业铺设道路,但是,他们教会我一切都要自己努力去创造,才会拥有更多。

社会环境:每年都有数以百万计的学生从高校毕业,走向社会,由此可见,就业形势相当严峻。大专与本科毕业生一同进入市场竞争,另外还有很多研究生,竞争相当激烈。

第五部分 职业选择

美国麻省理工大学的一位教授指出,职业定位分为五类。根据他所提出的测试,我符合两种类型:一种是自由独立型,另外一种是管理型。我有良好的分析能力,人际关系也相对不错,但是情绪控制能力相对不好,所以我更偏向于自由独立型。

在事业前期,我希望在企业从事经管类工作,后期自己会去创业。

第六部分 评估与反馈

职业生涯设计是一项长期的工作,不能一蹴而就,俗话说得好:计划赶不上变化快。我会根据身边环境的变化来不断地调整自己,从不断的调整中吸取教训。根据环境的变化来改变自己,要求自己与时俱进,不断地创新,不断地开拓。我相信我的事业会和我的努力成正比,我的生活也会因为我的努力而更加充实快乐。

第七部分 结束语

铅笔的原则:

铅笔即将被装箱运走,制造商人很不放心,把她带到一旁跟她说“在进入这个世界之前,我有5句话要告诉你,如果你记住这些话,就会成为好的铅笔”。

(1) 不管穿上什么样的外衣你都要清楚一点,你最重要的部分总是在里面。

(2) 在你走过的任何地方,都必须留下不可磨灭的痕迹,不管是什么状态,你必须写下去,要记住，生活永远不会毫无意义。

(3) 你可能会经常感受到刀削般的痛苦，但是这些痛苦却是必需的，它会使你成为一支更好的铅笔。

(4) 不要过于固执，要承认你所犯的任何错误，并且勇于改正它。

(5) 你将来能做很多大事，但是有一个前提，就是你不能盲目的自由，你要允许自己被一只手握住。

【能力拓展】

1. 以上两个职业生涯规划书范例是学生自己制作的，你认为哪些值得学习，还存在哪些不足？

2. 制作一份职业生涯规划书。

情境9：就业前应做的准备

【情境导入】

女大学生传授求职秘诀　面试展现女生"软实力"①

"三八"节刚刚过去，一系列女性专场招聘会让不少女大学生找到职业的归属。不过，在当前就业形势严峻的情况下，不要女生成了一些招聘单位"潜规则"，女大学生求职依然困难重重。

如何提高求职成功率，记者近日走访了一些求职"有道"、成功签约的女生，以其切身体会传授其求职经验。

经验1：面试多展现女生优势

南京邮电大学通信工程专业的王文娟总共找了一个月的工作，就收到两份录取通知。考虑到男朋友在南京工作，她放弃了去广州移动公司的机会，选择了中创软件公司南京分公司。她告诉记者，虽然有些用人单位的"潜规则"是不要女生，但也有一些软件公司"例外"，比如她签的这家私企，就没有性别要求，只重视技能。"国企和一些运营商，很看重成绩，这对女生来说是件好事，因为女生学习认真，成绩好，所以，成功的几率还是比较高的。"

"除了苦练专业技术，提高自身'硬实力'外，女生还要提高'软实力'。"王文娟说，主要是提高沟通能力。"跟男生相比，女生口齿伶俐，有亲和力，心思细腻，待人接物方面处理妥当，面试时就尽可能地向用人单位展现女生的这些优势。"

经验2：工作不会自己找上门

提高求职的主动性也是王文娟体会很深的一个经验。"我们班3个女生找工作时很积极，听说哪里有招聘会，就约好一起参加，下雨天也不例外，有时明知希望渺茫，但只要有一丝希望，我们都会尽全力去争取。光在宿舍坐着有什么用？工作不会自己找上门来。"

和王文娟有着同样感受的南京大学哲学系研究生范蓓蓓，前几天刚有了意向单位，在上海一

---

① 新华报业网：扬子晚报，2009年3月10日，作者：齐琦，戚庆燕。

家软件公司做咨询顾问。“终于有了饭碗，心里的石头算落了地。”她说，自去年10月份以来，每天投三份简历成为习惯，无论是高校还是其他企事业单位，尽量撒网，收到什么就先签什么。回顾自己的求职经历，范蓓蓓说，“多失败几次，就能多积累成功经验。”

经验3：坐姿也能决定成败

“细节决定成败，”范蓓蓓对记者说，“由于以前没有重视细节，就曾吃过一次亏。”有一次，她通过主动给面试官打电话，争取到了面试机会。满心欢喜的她穿着一套休闲服和靴子就去参加面试了，而她的同学则是一身职业套裙，还化了点淡妆。面试官让她们坐下稍等，她就很放松地坐在椅子上，也没有注意到姿势。而她的同学则一直站着，等面试官坐下自己才就座。结果，她同学被录用了，而她没有进入下一轮面试。

“女生面试时，给面试官的第一印象很关键。”范蓓蓓说，穿正装能让面试官感觉求职者很重视这次面试；化点妆会让女生显得精神焕发，不会给面试官留下刚睡醒的感觉。不过范蓓蓓提醒，千万不要浓妆艳抹。“用人单位是选合适的人，而不是选美。化浓妆的话，反而会弄巧成拙。”

专家建议：克服依赖心理扬长避短

业内人士指出，女大学生要提高求职成功率，就必须学会利用自身的优势。与男生相比，女大学生拥有如语言表达能力好，温柔、感知能力强，心思细腻等优点，如果能扬长避短，同时调整好自己的就业心态，一定会找到适合自己的工作岗位。特别在以服务、信息等为主的第三产业领域就业，更能发挥女性的优势。

同时，有调查表明，相当一部分的女生存有依赖心理，将自己的就业希望寄托于家长、老师和学校身上，不去积极主动争取。为此，有关人士指出，女大学生一定要重视独立性的培养，克服依赖心理，锻炼和增强求职技巧，这样才能提高求职成功率。

【问题讨论】

从以上的经验介绍你得到了什么启示？

上图是2009年2月28日在杭州和平国际会展中心举行的浙江省春季人才交流大会的场

景，约1 300家企事业单位提供了2.6万个岗位，其中针对应届毕业生的岗位超过1万个，吸引了数万名来自省内外的求职者。

【知识提炼】

一、不要求职

求者难谋者易，我们要谋职，不要求职。谋，就是要谋划、策划，要做好找工作前的准备工作，不打无准备之仗。

二、谋职前的准备

（一）你准备好了吗？你的谋职资本是什么？

1. 文凭是“敲门砖”。

2. 职业技能是“金刚钻”。

3. 良好的职业道德素质是“内功”。

不断培养自己的人际交往能力、语文表达能力、写作能力、计算机操作能力，还有你的专业素质等，不断丰富你的学识和各方面的能力。

（二）思想准备

让你的思想高于你的才干，你的今天才有可能超越昨天，你的明天才有可能超越今天。

（三）心理准备

1. 明确目标。你的职业目标定位是什么。临近毕业的高职生们应该给自己全面把脉，做出最佳的定位。社会所提供的位置是不计其数的，但是究竟哪个适合自己。好的职业不一定是赚钱最多的职业，也不是工作压力小的职业，更不是环境条件好的职业，而是最适合你自身条件的职业，正所谓“宝贝放在不适当的地方就是废物”。而高职生们往往容易被一些表面的东西所诱惑，脱离自己的实际去追求无法得到的职业，因此比较容易遭受挫折。高职生们应该认识自己，认真分析自己掌握的可利用的资源，把握相应的求职方式，谋求到适合自己的职业。

2. 正确评价自己。要看到高职生的优势、优点。高职生的优点通俗地讲就是：“上得了厅堂，下得了厨房”。既能够到一线去工作，也能够在办公室做技术方面的工作，积累一定的经验也可以从事基层管理工作。千万不要“长别人的威风，灭自己的志气”。

3. 克服恐惧心理。克服恐惧心理关键是要有自信。自信就是“天生我才必有用”这样一种理念。在你跨出第一步时，就要相信你会走；在你说出第一句话之前，就要相信你会说；因为你先自信，所以你才能去完成它。

麦克阿瑟在西点军校入学考试的前一晚紧张之至。他母亲对他说：“如果你不紧张，就会考取。你一定要相信自己，否则没人会相信你。要有自信，要自立。即使你没有通过，但你只要自己全力以赴就行了。”发榜后，麦克阿瑟名列第一。所以，当你相信自己能做出最好的成绩时，你不仅会发现自信心提高了，而且还会发现自信心将有助于你的表现和成功。

人都是各有所长，有的人英语不好但精通电脑，有的人成绩不拔尖但肯吃苦耐劳。每个人都应该发现并发挥自己的优势，心里牢牢记住：“或许我有些方面技不如人，但别人也有比不上我的地方，我并非一无是处！”这样，自信心就会重新树立起来，就是向成功迈进了一步。

4. 不要害怕失败。做好精心的准备，做好最坏的打算，“一颗红心，两种准备”。成功了自然可喜，失败了也不要紧，有了心理预期，也就不至于在心理上产生巨大的落差。因为是双向选择，你挑公司，公司也在挑好的员工。如果说第一次应聘就成功了，那固然好，而多次应聘的不成功也是最正常不过的现实。要相信，总有一份工作会适合你，在等着你！

（四）材料准备——个人简历模板

<table>
<tr><td>姓　名</td><td>×××</td><td>性　别</td><td>男</td><td rowspan="4">照片</td></tr>
<tr><td>出生日期</td><td>19××年10月1日</td><td>健康状况</td><td>良　好</td></tr>
<tr><td>民　族</td><td>汉</td><td>籍　贯</td><td>北京</td></tr>
<tr><td>政治面貌</td><td>团　员</td><td>体　重</td><td>××KG</td></tr>
<tr><td>工作目标</td><td colspan="4">愿从事法律事务、公司文员、营销或贵公司所需其他工作</td></tr>
<tr><td>教育背景</td><td colspan="4">2003年在××学院××系学习××法专业（大专学历）</td></tr>
<tr><td>主要课程及成绩</td><td colspan="4">民法、刑法、合同法</td></tr>
<tr><td>工作经历</td><td colspan="4">• 2005年7月在大中从事电器销售工作
• 2006年7月在国美从事电访工作</td></tr>
<tr><td>职业技能</td><td colspan="4">• 熟练使用Word、PPT、Excel
• 人力资源管理二级证书
• 英语B级
• 计算机一级证书
• 熟悉司法程序、司法文书写作</td></tr>
<tr><td>奖励情况</td><td colspan="4">• 2004年获优秀团员光荣称号
• 2005年获智育奖学金</td></tr>
<tr><td>业余爱好</td><td colspan="4">• 每天关注国内外大事
• 爱好篮球</td></tr>
<tr><td>自我评价</td><td colspan="4">• 热心、善良、自信、自律；
• 对工作严肃认真、一丝不苟，有献身精神；
• 为人坦诚，有亲和力，负有责任心和正义感；
• 具有较强的组织和管理能力，有团队精神、协作精神。</td></tr>
<tr><td>联系方式</td><td colspan="4">手机：13×××××××××
E－mail：××××@ sina. com</td></tr>
</table>

（五）个人形象准备

形象准备从头到脚要“武装到牙齿”。着装要得体，体面大方，富有朝气，给人一种神清气爽、充满自信的感觉。

形象是有价值的，尤其是在商业社会。一个大学的事业策划与评估中心对200位公司老板进行了调查。他们发现：经过第一次面试，工作申请遭到拒绝的首要理由是不佳的个人形象。整洁有品质感的着装，暗示着你对这份工作的重视；你的言谈举止又反映了你的内在，你对问题的认识又说明了你为人处事的态度。

很多女孩会觉得典型的上班族服饰如套装、船鞋，看起来很老气很严肃，抱着排斥的心态。可是事实上，这类服饰所带来的成熟与端庄，正是职场新人最缺乏也是最需要的，而它们也是让人开始欣赏、信任你能力的开端。

参加面试的服饰要求一切为了配合求职者的身份。面试时，合乎自身形象的着装会给人干净利落、有专业精神的印象，男生应显得干练大方，女生应显得庄重俏丽。着装体现仪表美，除了整齐、整洁，还应同时兼顾以下原则：

1. 整洁大方

整洁的衣着反映出一个人振奋、积极向上的精神状态；而褴褛、肮脏的服装，则是一个人颓废、消极、精神空虚的表现。因此，衣服要勤换、勤洗、熨平整，裤子要熨出裤线；衣扣、裤扣要扣好、裤带要系好；穿中山装应扣好风纪扣；穿长袖衬衣衣襟要塞入裤内，袖口不要卷起，短袖衫、港衫衣襟不要塞在裤内。文秘人员如果衣冠不整、不洁、不修边幅，不仅显得本人懒惰，缺乏修养，也有损本单位的形象，在社交中可能会使对方产生不愉快、不信任的感觉，导致关系的疏远。

装饰必须端庄、大方，要让对方感到可亲、可近、可信，乐于与你交往。在社交公关场合，应事先收拾打扮一下，把脸洗干净，头发梳理整齐。男士应刮胡子，女士还可化一点淡妆。一般来说，女服色彩优美，面料较讲究，显示出秀丽、文雅、贤淑、温和等气质。男服则要求线条简洁有力，色彩沉着，衣料挺括。显示出强健、宽大、果断、威严等气质。

2. 整体和谐

服饰礼仪中所说的服饰，不完全是指我们日常生活中的衣服和饰物，而主要是指着装后构成的一种状态。包括了它所表现的人的社会地位、民族习惯以及人的修养、趣味等因素。不能孤立地以衣物的好坏来评价人在着装之后的美与丑，必须从整体综合的角度来考虑和体现和谐一致，做到适体、入时、从俗。

适体，就是追求服饰与人体比例的协调和谐。服饰是美化人体的艺术，服饰只与人体相结合，使服饰的色彩、式样、比例等均适合人体本身的“高、矮、胖、瘦”，从而把服饰与人体融为有机统一的整体。因此，过肥或过紧的衣衫，过小或过大的裤腿、过高的“高跟鞋”以及不得当的颜色搭配等，都会扭曲人的形体、影响人的形象。

入时，就是追求服饰和季节的协调和谐。人与自然相适应，有春夏秋冬、风雨阴晴的不同服饰；根据四季的变化穿着衣物，不但很符合时宜，而且还可保证人体健康。一般来说，冬天衣服的质地应厚实一点，保暖性强一点，如呢、毛料等，而春秋衣服的质地则应相对薄些。可以设想，如果在寒冷的天气穿着单薄，浑身颤抖；在炎热的天气穿着厚实，大汗淋漓，出现在公共场所是一种怎样难堪的模样啊！

从俗，就是追求服饰与社会生活环境、民情习俗的协调和谐。应努力使服饰体现出新时代的风貌和特征，各民族的不同习惯和特色，各种场合的不同气氛和特点。

3. 展示个性

选择什么样的服饰，能够在很大程度上体现出穿着者的个性。在服饰整体统一的要求上，追求个性美，可以说是现代生活的一大趋势。

个性特征原则要求着装适应自身形体、年龄、职业的特点，扬长避短，并在此基础上创造和保持自己独有的风格，即在不违反礼仪规范的前提下，在某些方面可体现与众不同的个性，切勿盲目追逐时髦。

• 男生面试时的服饰礼仪

1. 西装

平时就应准备好一至两套得体的西装，不要到面试前才去匆匆购买，那样不容易选购合身的西装。应注意选购整套两件式的，颜色应当以主流颜色为主，如灰色或深蓝色，这样在各种场合穿着都不会显得失态，在价钱档次上应符合学生身份，不要盲目攀比，乱花钱买高级名牌西服，因为用人单位看到求职者的衣着太过讲究，不符合学生身份，对求职者的第一印象也会打折扣的。

2. 衬衫

以白色或浅色为主，这样比较好搭配领带和西裤。平时也应该注意选购一些长袖的衬衫，面试前应熨平整，不能给人"皱巴巴"的感觉。太过崭新的衬衣穿上去会显得不自然，太抢眼，以至于削弱了人事主管对求职者其他方面的注意。

3. 皮鞋

不要以为越贵越好，而要以舒适大方为度。皮鞋以黑色为宜，且面试前一天要擦亮。

4. 领带

参加面试一定要在衬衣外打领带，领带以真丝为好，上面不能有油污，不能皱巴巴，平时应准备好与西服颜色相衬的领带。

5. 袜子

袜子的颜色也有讲究，穿西服革履时的袜子必须是深灰色、蓝色、黑色等深色，这样在任何场合都不失礼。

6. 头发

尽量避免在面试前一天理发，以免看上去不够自然，最好在三天前理发。应在面试前一天洗干净头发，避免头屑留在头发或衣服上，保持仪容整洁是取得用人单位良好的第一印象的前提。

此外，男生还要将胡须剃干净，并且在刮的时候不要刮伤皮肤，指甲应在面试前一天剪整齐。

这里还要提醒一点，面试时你所穿的西服、衬衫、裤子、皮鞋、袜子都不宜给人以崭新发亮的感觉，原因是人事主管会认为你的服饰都是匆匆凑齐的，那么你的其他材料是不是也加入了过多人工雕琢的痕迹呢？而且太多从没穿过的东西从头到脚包裹在你的身上，一定有某些东西会让你觉得别扭，从而分散你的精力，影响你的面试表现。

• 女生面试时的服饰礼仪

1. 套服

女生应准备一至两套较正规的套装，以备参加不同的面试之需。女式套装的样式可谓层出不穷，每个人可根据自己的喜好来选择，但原则是必须与准上班族的身份相符，颜色鲜艳会使人显得活泼、有朝气，素色稳重的套装会使人显得大方干练。利用这个原则，针对不同背景的用人单位选择适合的套装。

2. 化淡妆

参加面试的女生可以适当地化点淡妆，包括口红，但不能浓妆艳抹，过于妖娆，不符合大学生的形象与身份。

3. 皮鞋

鞋跟不宜过高、过于前卫，夏日最好不要穿露出脚趾的凉鞋，更不宜将脚趾甲涂抹成红色或其他颜色，丝袜以肉色为雅致。

4. 皮包

女生的皮包要能背的，与装面试材料的公文包有所区别，可以只拿公文包而不背皮包，但不能把公文包里的文件全部塞在皮包里而不带公文包。

5. 手表

面试时不宜佩戴过于花哨的手表，给人过以稚气的感觉。面试前应调准时间，以免迟到或闹笑话。

此外，还要注意不能在面试时穿T恤、牛仔裤、运动鞋，一副随随便便的样子，百分之百是不受人事主管欢迎的一类。女生一定不要在服饰上给人错误的信号，过于花枝招展，对求职本身毫无益处。

【资料链接】

关注大学生就业总结：择业前先让心态归零①

在"关注中国大学生就业"百校公益巡讲北京信息科技大学活动现场，新浪人力资源总监段冬被一群热情高涨的大学生围在中间，学生们提出了一个又一个问题，而段冬回答问题的耐心却一如开始之时。

"我也经历过择业的迷惘期，我也和他们有过相同的感受，所以我希望能够给他们一些实实在在的建议"，段冬用这样一句朴实的话来解释他义务参加"关注全国大学生就业"系列活动的原因。

"总体上我感觉大学生在择业观上需要有大的转变。理想和现实之间、大学和企业之间往往都有很大的距离，大学生在求职择业时一定要让自己的心态归零。"关于大学生择业的心态，段冬这样比喻："以前的一切全都掀过了，摆在你面前的又是一张崭新的白纸。"

与段冬的想法类似，积极参与"关注中国大学生就业"系列公益活动，并担任百校公益巡讲主讲人和职业导师的联想中国招聘总监卫弘、NEC中国高级副总裁杜军、ABB中国高级副总裁韩愉、西门子中国一体化营销总监耿波等人都认为，从大学生自身来说，最关键的问题是就业观念与心态的转变。

大学生就业，难在哪里？

新浪网人力资源总监段冬在谈到大学生就业难的深层次原因时一针见血地指出，在大学生找不到工作的同时，仍有无数家企业招收不到适合的人才，大学生就业难的根本原因在于大学生自身的能力、价值与企业期望值间的差距。段冬引用了这样一组数据来说明这个问题：2003年的最佳雇主中，70%存在关键人才缺乏的问题，82%的非最佳雇主出现类似问题；2005年的最佳雇主中，92%存在严重的人才匮乏或留住人才的问题。

而某科技大学行政管理专业的三年级研究生李天星在回答记者"你觉得自己能够给企业带来

① http://www.XINHUANET.com，2006年3月17日，来源：中人网。

什么时”的问题时，坦言自己四年本科及三年研究生所学的知识与企业的需求差距较大，“我们要么太注重于考证，要么太注重于理论知识的学习，导致我们的动手能力差距很大”。而企业的想法却是“培养人是学校的事，我要的是能用的人才”、“企业不是学校，没有培养人的社会义务”。

针对这种情况，段冬指出，导致今天出现的大学生就业难题，学校、企业，甚至大学生都有责任。而解决的办法，就是各个群体都承担起自己的责任，学校应该结合企业需求设置专业与课程，企业应该给大学生提供系统的就业前培训以及尽可能多的实习机会，而大学生更应该从专业知识、实践技能等方面全方位提升自己的综合素质。“只有学校、企业以及大学生都分别承担起自己的社会责任，这个问题才有望解决。”

岗前实习，进入职场的实战演练

弥补大学生职场经验缺乏与动手能力差的一个重要途径就是实习。对那些知名企业来说，实习往往是应届毕业生获得最终“OFFER”的必经程序。对企业来说，可以在实习期间全面考察大学生的动手能力、理论素养、性格等综合素质，而对大学生来说，则可以通过实习检验自己所学的知识，同时学习初入职场必须掌握的“游戏规则”。

“市场是可爱而滑稽的。有大量的毕业生找不到工作，同时我们作为企业去招人也很困难。中间的断层是什么？我想通过实习可以在某种程度上解决这样的问题。我们在实习中帮助大学生思考，企业提供环境希望给大学生以成熟的心态”，名列世界500强企业的伟创力中国公司人力资源总监王季丁这样评价实习的作用。

谈起实习与就业的关系时，王季丁做了这样一个比喻：“实习就像热身，就业是起跑，在起跑前热身会对成绩大有帮助，而且对企业和个人是双赢的。”

与IBM、HP、联想等全球知名的企业一样，伟创力也非常重视实习生的招募。据了解，世界500强在华企业每年拿到终局“OFFER”的大学生中，绝大部分都有在本企业3~6个月的实习经历。

即使大多数获得实习“OFFER”的大学生最终未必能够如愿留在实习企业，但实习经历对大学生来说无疑是非常有价值的。对此，伟创力人力资源总监王季丁认为：“从人力资源的角度看，一个大学生的简历里是否有过实习的经历，哪怕是女生卖些化妆品的经历，也是宝贵的，起码证明她有意愿、勇气和激情走入社会，我们偏好这些脚踏实地的学生，他们往往能更快地融入企业。”

对大学生来说，通过实习究竟能够提升哪些方面的能力呢？“成就感与自信心”，这是联想集团招聘助理、实习生田雅林的理解，同样也代表着大多数实习生的心态。

田雅林进入联想中国人力资源部实习了3个月，而今已是招聘调配处的招聘助理了。在3个月的实习期里，田雅林做的基本上是一些事务性的工作，比如打电话通知面试、引导面试者参加面试、做每周报表等。也许与她的人力资源专业有关，田雅林有着很好的心态：“我是这个团队里最年轻的，这些最基本的工作你不做谁做呢？再说刚进公司，别人会把重要的事交给你做吗？还有些工作需要配合完成，也许他们的成功就建立在你的努力上。”田雅林继续总结自己的实习收获说：“我的沟通技巧得到了锻炼，我能最快捷地和人建立良好的沟通，不会浪费自己太多的时间。我的表达能力也得到提升，我能最简洁地把信息传达给应聘者。在专业技能上，我学会了如何有效地筛选简历。另外我还学会了office软件的很多实用功能，这些在学校里都是学不到的。”

“即便是再琐碎的小事，只要你把它做得尽善尽美，也能从中得到成就感。”田雅林这样认为：“而你的自信心也会逐步增强。”

对大学生来说，实习之前，要确定明确的实习目标。联想中国人力资源部招聘调配总监卫弘认为：“大学生应该重视实习和实习内容的选择，最好与自己规划的职业生涯发展是相关的。很多学校统一安排学生到国有大中型企业实习，实习的结果却只使学生充分认识到这样的企业是不能去的，环境不利于个人发展。但对于学生提高核心竞争力和自己未来职业发展的作用不见得是最直接有效的。”

大学生的实习目的有很多，但无论是出于哪种目的，实习时关注的都不应是具体的工作，而是职场中踏实的与开放的状态，愉快地接受身边的人和事，并不断地判断、学习、吸收、总结、沉淀，不断地自我否定，自我塑造，在实习中看到不足，弥补所缺。这才是大学生实习最应该关注的重点。

初入职场，心态归零最关键

实习过后，无论有没有拿到自己期望的OFFER，进入职场是无论如何也避免不了的。而初入职场，无论是否有过实习经历的大学生，都不可避免地遇到一个心态转变的问题，也就是职业心态的培养问题。

由于之前没有真正进入过职场，很多大学毕业生或者应届毕业的研究生在心态方面往往存在着问题。“大事干不了，小事不愿干”，某世界500强在华企业CHO这样评价2004年招聘的一位应届研究生。

而实际上，这种情况在大学毕业生身上并不少见。很多人认为自己读了那么多年书或者出身名校，对初入职场的事务性工作不屑一顾，甚至认为自己应该在工作中发挥独当一面的作用。对此，中人网CEO何国玉明确指出：“这是一个误区！是一种过于理想化的心态。大学生初入职场，虽然有着高涨的工作热情，但工作经验、实践能力、职场技能都欠缺很多，指望在开始时就承担重要工作是不切实际的。”

联想中国招聘调配总监卫弘认为，从招聘的角度来说，中国大学生的素质都是很优秀的，最关键的问题是怎样调整自己的心态，找到自己适合的位置，踏踏实实地从一点一滴做起。他认为当前很多大学生在找工作时非常急躁，选择工作时挑挑拣拣，总觉得做一些细微的工作是委屈了自己。“择业之前，心态归零非常重要”，卫弘强调。

对于大学生初入职场应持有的心态，何国玉则进一步指出：“大学生要意识到的是：工作是很朴素的。无论是什么样的工作，哪怕只工作了三天，哪怕做最琐碎的事，也能够有三天的收获。朴素的态度是这样的：只要以开放的心态用心学习，学习细节、流程中的知识、分析和借鉴别人的思维方式、行为方式，每天踏实做事，那么无论从事什么样的平凡工作，都能够获得有价值的收获。”

卫弘则认为，大学生心态过高的根源在于受“学而优则仕”的传统文化影响，“有些在联想实习的大学生心理不平衡，觉得自己不需要读这么多书就能胜任目前的工作，甚至觉得读书就一定要做官（管理层）。这是一种很不健康的心态，这种心态如果根深蒂固，就很容易遭受挫折感，”他进一步解释说：“企业的管理岗位是非常有限的，有限的需求和庞大的供给之间的矛盾永远无法解决。所以，大学生进入工作岗位后要注意调整‘读书就要做官’和‘读书就要在中心城市的好企业工作’的不良心态。”

心态归零的同时，理想色彩应该继续保持。这种理想色彩不是对职业、对企业报以不切实际的期望，而是一种做人做事力求尽善尽美的态度。

【能力拓展】

两人为一组对坐，目光对视一分钟，轮流说出自己的一个优点，态度要肯定，大声说三遍。

讨论：说优点时每一遍的感觉有何不同？

情境10：模 拟 招 聘

【情境导入】

我对你的表现非常失望

王先生是某IT公司的职员，他想去外企发展。年初的一天，王先生精神抖擞地去一家跨国通讯公司面试。考官是个30多岁的香港人，看上去很精干。当王先生把简历放在考官的桌上后，这个香港人把材料拎在手里抖得哗啦响，然后有些傲慢地拖起了长腔："这就是你的简历吗?"王先生一愣，礼貌地回答："是的。您觉得还有什么需要说明的问题吗?"

考官松开手，让简历飘落到桌上，很凶地盯着王先生："很有问题。你不是上海人吧？不会说上海话，那你在上海怎样开展工作?"王先生心想："咦，你也在上海工作，可只会说广东腔普通话！还卷着个大舌头呢。"当然这话他不能说出口。"说不定他是想先给我个下马威，看我是否能承受得住压力呢！"想到这里，王先生冷静地回答："上海是个国际大都市，我想会不会说方言应该不会对工作造成实质性影响。如果工作确实需要，我会马上去学上海话。"

王先生的回答使香港人无从发作，于是又拿起王先生的简历看了一会儿，突然发问："你是和母亲一起生活吗？现在公司有项紧急任务，但你接到电话说母亲住院了，你准备怎么办?"王先生沉默了一会，镇定地说："我想先找个同事帮忙把工作处理一下，自己马上赶到医院，如果情况不严重的话，立刻就回来。"可是香港人又紧逼："工作是没有办法找人代替的，你考虑好怎么办了吗?"于是王先生严肃地说："对不起，事业再重要，也没有生我养我的母亲重要！我只能先赶回去。"

听了王先生这么说，香港人洋洋得意地往椅背上一靠，说："我对你的表现非常失望。"王先生心想："如果是你自己的妈，你怎么办?"这句话在嘴边绕了几绕，还是咽了下去。王先生按下怒气，三言两语答完了后面几个常规问题后便起身告辞。走到门口，王先生想了想，回头说："我觉得您今天有一些问题不太礼貌。""是吗？你要那么想，我也没办法啦！"香港人歪在椅子上，一边抖腿一边挑衅地盯着王先生。王先生不愿和他啰嗦，昂首推门而出，再没有多想这次面试的事情。

可是不久，王先生居然接到了这家公司的OFFER。说那个香港考官很赞赏王先生，因为王先生面对强大的压力还能充分保持沉着、冷静和克制，是块干营销的好材料。

有些考官喜欢使用Pressure Interview，即压力面试，往往一开始就劈头浇你一盆冷水，让你在委屈和激愤中露出本色。因为击溃了你的心理防线，才能筛选出真正有心理承受能力的智者，才能找到能面对劣势和压力的"新生力量"。

【问题讨论】

1. 如果你是王先生你会怎么回答考官的问题？
2. 这个面试案例给了你什么启示？

【模拟招聘】

1. 提前一个星期布置模拟招聘的任务，教师把考官经常会提的问题发给学生，要求学生自己去找相关资料或上网查阅有关资料，整理出如何回答考官的问题；

2. 一个班分四个组，每一组出一个主考官、一个副考官。每一组选4～5人上去应聘，考官根据应聘的情况给每一位应聘者打分，最后老师点评。

【知识提炼】

一、考官最常用的提问

1. 你为什么不回家乡工作？
2. 你为何想到本公司工作？
3. 你对本公司有何了解？
4. 进入本公司想干哪方面的工作？
5. 这份工作吸引你的是什么？
6. 你到本公司工作后，对待遇有什么要求？
7. 如果公司安排的岗位与你应聘职位不同，你将怎么办？
8. 用一句话说你是怎样的一个人？
9. 请谈谈你自己吧（自我介绍一分钟）！
10. 你的人生信条是什么？
11. 你喜欢什么样的上司？
12. 你有打工的经历吗？
13. 请谈谈你对几年大学生活的感想。
14. 你认为你最大的成就是什么？
15. 如果你是考官，你会录用自己吗？
16. 请告诉我录取你的理由是什么？
17. 你不知道本公司不录用应届生吗？

二、人事主管最常提出的面试问题和最喜欢的答案

问题1：如果我录用你，你认为你在这份工作上会待多久呢？

A. 这问题可能要等我工作一段时间后，才能比较具体地回答。

B. 一份工作至少要做3～5年，才能学习到精华的部分。

C. 这个问题挺难回答的，可能要看当时的情形。

D. 至少两年，两年后我计划再出国深造。

解答：选择B最多，A次之。B的回答能充分显示出你的稳定性，不过，这必须配合你的履历表上，之前的工作是否也有一致性。A的回答则是非常实际，有些人事主管因为欣赏应征者的坦诚，能够接受这样的回答。

问题2：除了我们公司之外，你还应征了其他哪些公司呢？

A. 除了像贵公司这样的计算机外设产品公司外，我还应征了××饮料公司、××软件设计公司及××化工公司。

B. 因为是通过人才网站，所以有很多公司与我联络，不胜枚举。

C. 由于我只对计算机公司较感兴趣，因此除贵公司外，我还应征了××及××公司。

D. 我不是很积极地想换工作，这半年多来陆陆续续寄了一些履历，公司名字不太记得。

解答：最理想的回答是C。C的回答可以显示出应征者的目标明确，对于自己的下一个工作应该在哪里，思考得很清楚。

问题3：你希望5年后能达到什么成就？

A. 做一天和尚敲一天钟，尽人事听天命、顺其自然。

B. 依我的机灵及才干，晋升到部门经理是我的中期目标。

C. 自己独当一面开公司。

D. "全力以赴"是我的座右铭，希望能随着经验的增加，被赋予更多的职责及挑战。

解答：最理想的回答是D。

问题4：如果你离开现职，你认为你的老板会有什么反应？

A. 很震惊，因为老板对我算是很信赖，我就如同他的左右手一样。

B. 还好吧，他大概心里也有数，反正公司现在也不忙。

C. 他大概习惯了，反正他手下的人来来去去已是司空见惯。

D. 我想他一定会生气地破口大骂，他是一个相当情绪化的人。

解答：最理想的回答是A。面谈者想借此了解，你和前（现）任主管的相处情形，以及你在主管心目中的地位如何？

问题5：你为什么想来我们公司工作？

A. 主要是这份工作的内容很吸引我。

B. 贵公司在业界颇出名的，听说管理也很人性化。

C. 我的大学同学在贵公司会计部工作，是他建议我来应征的。

D. 贵公司所处的产业以及在业界的声誉、工作性质，都很吸引我。

解答：D是最佳答案，应聘前必须对所应聘的单位要有所了解；B次之。

三、面试时应当注意的问题

1. 不要擅自走进面试房间。如果没有人通知，即使前面一个人已经面试结束，应聘者也应该在门外耐心等待；如果面试时间到了，进房间之前应先敲门。

2. 握手要有"感染力"。面试前的握手是一个"重头戏"，因为不少企业把握手作为考察一个应聘者是否专业、自信的依据。如果先前没有太多和别人握手的经验，可以事先练习一下。注意，握手不要有气无力，而要让对方感受到你的热情，要有"感染力"。

3. 坐姿也有讲究。有两种坐姿不可取：一是紧贴椅背，二是只坐在在椅边。这两种坐法，一个显得太放松，另一个则太紧张，都不利于面试的进行。建议最好坐满椅子的三分之二，保持轻松自如的姿势。

4. 始终保持用眼神交流。面试一开始就要留心自己的身体语言，特别是自己的眼神，对面试人员应全神贯注，目光始终聚集在面试人员身上，在不言之中，展现出自信及对对方的尊重。

5. 不要表现得过于自信，不然会让人觉得你太有"攻击性"，不善于和别人合作。一个基本准则，就是放低自己的姿态，不要为了显示自己的信心而过分表现，更不要言过其实。

6. 学会微笑。微笑是人与人之间最好沟通方式之一。在面试中保持微笑，对面试成功有很大帮助。微笑，能够表现出你的良好心境，能够体现你的自信与真诚，能够令考官心情愉悦，从而对你产生好感。在面试中，你要把握每个机会展露自信、自然的微笑。切忌不要做作的笑！在平时，可对着镜子先找到自己最美丽的微笑，然后反复练习使之自然成习惯。

7. 避免小动作。咀嚼口香糖，随便动办公室的东西，歪嘴、眨眼、皱眉、瞪眼、耸鼻子等的面部表情，以及抓头皮、弄头发、搔痒痒、揉眼睛、掏耳朵、挖鼻子、打喷嚏、用力清喉咙等。这些极不雅观的小动作在面谈过程中出现，是非常不礼貌的，它们会间接、甚至直接影响你的面试结果。

四、情境再现

学生甲上场，轻轻敲门（两声）。

招聘会场传出考官的声音：请进。

学生甲：推门进入，然后把门关上，微笑向考官们点头致意。自信而轻快地走向考官，双手递上自己的简历，并简短作自我介绍："您好，我是×××，这是我的简历，很高兴见到您。"并诚恳而坚定地与对方握手。

特别提示：

◆ 等考官示意你坐下时，说声"谢谢"再坐；

◆ 如果考官站着，应等考官坐下并示意你坐下时说声"谢谢"再坐下；

◆ 坐在椅子的三分之二处；

◆ 面试结束时，主动说："谢谢，太麻烦您了。"开门出去时应转身面对考官微笑点头，轻轻把门关上。

【资料链接】

大学生就职如此简单：椅子搬回原位工作到手①

北京林业大学的刘舒颜毕业后在一家外企工作，这也是她应聘的第一份工作。和求职中屡屡受挫的同学相比，她几乎算一次成功。当别人向她讨教经验时，她说，"细节决定成败"的道理在找工作时也适用。

刘舒颜应聘的第一家单位是美国一家保健品企业。那时，公司只招聘客服助理一人。为顺利进入面试，小刘开始做简历准备。她说，现在很多大学生从网上下载简历，没有新意，容易被企业冷落。为此，她写简历时，结合招聘职位沟通能力要强的特点，强调自己是食品专业出身，性格开朗，尤其突出曾任校园就业指导服务中心助理团外联部部长、副主席职位等诸多细节，表明自己沟通能力强，适合客服岗位。

一周后，小刘和20多名应聘者一道顺利过关。复试时，刘舒颜特意找了件整洁的衣服穿上，"穿衣问题虽是小节，却体现了对他人的尊重"。她还特地提前半小时到达，"守约不是大事，却能给人严谨的好印象"。复试由总经理亲自主持，是一对一的交谈，刘舒颜刚开始也很紧张，因

---

① http://www.XINHUANET.com，2006年3月17日，作者：邱乾谋，来源：北京考试报。

为与她一起前来的应聘人比，她的优势并不特别突出。当主考官要求她“介绍一下你自己有什么特点”时，刘舒颜冷静下来。她拿实例回答考官：大三下学期，一边准备六级英语和期末考试，每天还要抽两小时到社团工作，由于合理安排工作和学习时间，在完成工作的同时，英语六级考试也顺利通过。

在学校担任社团工作期间，她负责联系用人单位来学校举办讲座和招聘活动，这对没有任何“关系”的她是一种挑战。她经常从网上挑选、联系、邀请用人单位，在这个过程中，虽曾遭遇过挫折，却在很大程度上锻炼了她较强的抗挫折能力。

面试完毕时，她把椅子轻轻搬回原位。这时，主持面试的总经理脸上产生了微妙的变化，并热情地说再见。

因为这个细节，她成为唯一被录用的应届毕业生。招聘经理后来告诉她，面试时，考官都会观察应聘者是否迟到。那天她不但没有迟到，而且她还是应聘人员中唯一一个把椅子搬回原位的应聘者。这个小小的举动决定了她最后的胜出。

【能力拓展】

聘请人力资源部经理讲应聘当中应注意的问题或到招聘会现场观摩。

情境11：劳动合同的格式

【情境导入】

大学生张某，是外地在沪就读的大学生，成绩优异，被上海一家房产公司看中并签订了“就业协议”，约定公司为其办理大学生毕业入沪手续，张某必须在公司工作两年，并约定了违约金5 000元。

报到后，张某很快在公司的帮助下办妥了户籍手续；待到公司要求签订劳动合同时，张某却不愿意签订为期两年的劳动合同，而只愿意签订一年，以至于协商不成，张某一怒之下辞职离开了公司。

公司随即将张某诉至法院，法院在审理后认为张某不遵守就业协议的约定，无理拒绝签订劳动合同，构成违约行为，应当承担违约责任。

专家点评：

用人单位的要求应被支持。根据“就业协议”，公司已经按照约定履行了提供工作岗位、办理户籍的义务；而双方依法建立劳动关系需要签订书面劳动合同，公司有权要求张某签订书面劳动合同，并且书面劳动合同的内容并未超出双方在就业协议中的约定，是有约定依据的。但张某拒签，其行为客观上造成了双方无法签订劳动合同，使得劳动关系处于非法状态，并且其离职行为也违反了协议约定，应支付违约金。

分组讨论：

1. 你认为张某的问题出在哪儿？

2. 张某是否应当承担违约责任，为什么？

【知识提炼】

劳动合同签订

一、什么是劳动合同?

劳动合同是指用人单位与劳动者之间建立劳动关系、明确各自权利义务的书面协议。

劳动合同的订立是指:作为劳动合同主体双方的劳动者和用人单位就劳动的权利和义务进行平等协商,使双方的意志协调一致从而签订对双方具有约束力的劳动合同的法律行为。

劳动合同签订的原则:

(1) 合法性原则:一是合同主体要合法;二是合同形式合法,即应当采用书面形式;三是内容要合法。

(2) 平等自愿、协商一致原则。

(3) 权利义务对等原则。

二、签订劳动合同的意义

目前,为了适应社会主义市场经济要求、企业所有制形式和用工方式的多样化、劳动合同实施也出现了一些新情况、新问题,如一些用人单位不依法与员工签订劳动合同、不认真履行劳动合同,甚至随意解除、终止劳动合同,侵害员工劳动经济权益的现象屡有发生。为了维护自身合法权益,促进劳动关系和谐稳定,签订劳动合同对用人单位、劳动者、社会都有着重要的意义。

1. 签订劳动合同是建立和完善社会主义市场经济体制的内在要求

劳动者与用人单位通过签订劳动合同确立劳动关系,明确双方的权利和义务,是建立和完善社会主义市场经济体制的内在要求。建立健全劳动合同制度,有利于培育和发展劳动力市场;建立统一、开放、公平和规范的劳动力市场运行机制,有利于依法规范企业的劳动用工行为,加强劳动管理,促进企业和谐发展。

2. 签订劳动合同有利于充分保障劳动者和用人单位的合法权益

签订劳动合同有利于充分保障劳动者和用人单位的合法权益,有利于增强企业的社会责任,也是促进劳动关系良好运行以及预防、妥善处理劳动争议的必要条件,对于建立和谐稳定的社会主义新型劳动关系,促进社会全面协调可持续发展和全面建设小康社会,都具有极为重要的意义。

3. 劳动合同是维护员工合法权益的重要法律武器

劳动合同是建立劳动关系的起点,是规范劳动用工行为、解决劳动争议的重要依据和标准,也是维护员工合法权益的重要法律武器。

三、劳动合同的内容

1. 用人单位的名称、住所和法定代表人或者主要负责人。

2. 劳动者的姓名、住址和居民身份证或者其他有效身份证件号码。

3. 劳动合同期限:

劳动合同期限三个月以上不满一年的,试用期不得超过一个月;劳动合同期限一年以上不满三年的,试用期不得超过两个月;三年以上固定期限和无固定期限的劳动合同,试用期不得超过六个月。

4. 工作内容和工作地点：

工作内容一般是基于工作岗位产生。用人单位依据工作岗位进行劳动管理，提出工作数量、质量和责任的要求是用人单位的权利。

5. 工作时间和休息、休假：

工作时间主要包括：工时制度，加班加点办法，特殊工种的工作时间，劳动定额标准。

休息、休假主要包括：日休息时间、周休息日安排、年休假办法等。

6. 劳动报酬：

劳动报酬，是劳动合同的核心条款，依双方当事人协商而定。包括集体协商和个人的协商。劳动合同需要根据用人单位的薪酬计划规定员工个人的薪酬待遇，包括当期工资及延期分配的员工福利和股票期权等。

用人单位应当每月至少一次以货币形式支付员工工资，不得克扣或者无故拖欠员工工资。员工在法定工作时间或依法签订劳动合同约定的工作时间内提供了正常劳动，用人单位向员工支付的工资不得低于当地最低工资标准。

7. 社会保险：

双方依法参加社会保险，按时缴纳各项社会保险费，其中依法应由员工缴纳的部分，由用人单位从员工工资报酬中代扣代缴。

8. 劳动保护、劳动条件和职业危害防护：

用人单位对可能产生职业病危害的岗位，应当向员工如实告知，并对员工进行劳动安全卫生教育。

用人单位必须为员工提供符合国家规定的劳动安全卫生条件和必要的劳动防护用品，安排员工从事有职业危害作业的，应定期为员工进行健康检查，并在员工离职前进行职业健康检查。

员工在劳动过程中必须严格遵守安全操作规程。员工对用人单位管理人员违章指挥、强令冒险作业，有权拒绝执行。

9. 法律、法规规定应当纳入劳动合同的其他事项。

四、劳动合同示范文本

劳动合同

甲方(用人单位)

用人单位名称

用人单位住所

法定代表人或负责人

乙方(劳动者)

姓名 性别

出生年月 文化程度

户籍所在地址

现居住地址

居民身份证号码

联系方式

甲、乙双方根据《中华人民共和国劳动合同法》和有关法律、法规规定,在平等自愿、公平公正、协商一致、诚实信用的基础上,签订本合同。

一、劳动合同期限

甲乙双方约定按下列____种方式确定"劳动合同期限":

A. 有固定期限的劳动合同自____年____月____日起至____年____月____日止。并约定试用期自____年____月____日起至____年____月____日止。

B. 无固定期限的劳动合同自____年____月____日起。并约定试用期自____年____月____日起至____年____月____日止。

C. 以完成________工作任务为劳动合同期限,自____年____月____日起至完成本项工作任务之日即为劳动合同终止日。

二、工作地点

甲乙双方约定劳动合同履行地点为____________。

三、工作内容

(一) 乙方根据甲方要求,经过协商,从事________工作。甲方根据工作需要,按照合理、诚信原则,可依法变动乙方的工作岗位。

(二) 甲方安排乙方所从事的工作内容及要求,应当符合国家法律法规规定的劳动基准和甲方依法制订的并已公示的规章制度。乙方应当按照甲方安排的工作内容及要求履行劳动义务。

四、工作时间和休息休假

(一) 甲乙经协商确认执行____条款,平均每周工作不超过四十个小时。

A. 甲方实行每天____小时工作制。

具体作息时间,甲方安排如下:

每周周____至周____工作,上午__________,下午__________。

每周周__________为休息日。

B. 甲方实行三班制,安排乙方实行____班____运转工作制。

(二) 甲方安排乙方的______工作岗位,属于不定时工作制,双方依法执行不定时工作制规定。

(三) 甲方安排乙方的______工作岗位,属于综合计算工时制,双方依法执行综合计算工时工作制规定。

(四) 甲方严格遵守法定的工作时间,控制加班加点,保证乙方的休息与身心健康,甲方因工作需要必须安排乙方加班加点的,应与工会和乙方协商同意,依法给予乙方补休或支付加班加点工资。

(五) 甲方依法为乙方安排带薪年休假,具体休假时间双方协商决定。

五、劳动保护、劳动条件和职业病危害防护

(一) 甲方对可能产生职业病危害的岗位,应当向乙方履行如实告知的义务,并对乙方进行劳动安全卫生教育,防止劳动过程中的伤亡事故,减少职业病危害。

(二) 甲方必须为乙方提供符合国家规定的劳动安全卫生条件和必要的劳动防护用品,安排乙方从事有职业危害作业的,应定期为乙方进行健康检查,并在乙方离职前进行职业健康检查。

（三）乙方在劳动过程中必须严格遵守安全操作规程。乙方对甲方管理人员违章指挥、强令冒险作业，有权拒绝执行。

（四）甲方按照国家关于女职工、未成年工的特殊保护规定，对乙方提供保护。

（五）乙方患病或非因工负伤的，甲方按照国家关于医疗期的规定执行。

六、劳动报酬

甲方应当每月至少一次以货币形式支付乙方工资，不得克扣或者无故拖欠乙方的工资。乙方在法定工作时间或依法签订劳动合同约定的工作时间内提供了正常劳动，甲方向乙方支付的工资不得低于当地最低工资标准。

（一）甲方承诺每月______日为发薪日。

（二）乙方在试用期内的工资为每月________元。

（三）经甲乙双方协商一致，对乙方的工资报酬选择确定____条款：

A. 乙方的工资报酬按照甲方依法制定的规章制度中的内部工资分配办法确定，根据乙方的工作岗位确定其每月工资为______元。

B. 甲方对乙方实行基本工资和绩效工资相结合的内部工资分配办法，乙方的基本工资确定为每月______元，以后根据内部工资分配办法调整其工资；绩效工资根据乙方的工作业绩、劳动成果和实际贡献按照内部分配办法考核确定。

C. 甲方实行计件工资制，确定乙方的劳动定额应当是本单位同岗位百分之九十以上劳动者在法定工作时间内能够完成的，乙方在法定工作时间内按质完成甲方定额，甲方按照约定的定额和计件单价，根据乙方的业绩，按时足额支付乙方的工资报酬。

（四）甲方根据企业经营效益、当地政府公布的工资指导线、工资指导价位等，合理提高乙方工资。乙方的工资增长办法按照（工资集体协商协议、内部工资正常增长办法）确定。

七、社会保险

（一）双方依法参加社会保险，按时缴纳各项社会保险费，其中依法应由乙方缴纳的部分，由甲方从乙方工资报酬中代扣代缴。

（二）甲方应当依法为乙方缴纳各项社会保险费，并每年向职工公布本单位全年社会保险费缴纳情况，接受职工监督。

（三）如乙方发生工伤事故，甲方应负责及时救治，或提供可能的帮助，并在规定时间内，向劳动保障行政部门提出工伤认定申请，为乙方依法办理劳动能力鉴定，并为享受工伤医疗待遇履行必要的义务。

八、双方协商一致，约定下列条款

A. 乙方工作涉及甲方商业秘密和与知识产权相关的保密事项的，甲方可以事前与乙方依法协商约定保守商业秘密或竞业限制的事项，并签订保守商业秘密协议或竞业限制协议。

B. 由甲方出资对乙方进行专业技术培训，并要求乙方履行服务期的，应当事前征得乙方同意，并签订协议，明确双方权利义务。

C. 甲方同意为乙方办理补充养老保险（企业年金）和补充医疗保险，具体标准为：__________________________。

D. 甲方依法执行国家有关福利待遇，并同意为乙方提供如下福利待遇：__________。

E. 甲乙双方需要约定的其他事项：____________________。

九、劳动争议处理

（一）劳动合同依法订立，即具有法律约束力，双方应当全面履行，并严格执行依法执行劳动合同的变更、解除、终止、续订和给付经济补偿的规定。

（二）甲乙双方因履行本合同发生劳动争议，可以协商解决。不愿协商或者协商不成的，可以向本单位劳动争议调解委员会申请调解；调解不成的，可以向劳动争议仲裁委员会申请仲裁。甲乙双方也可以直接向劳动争议仲裁委员会申请仲裁。提出仲裁要求的一方应当自劳动争议发生之日起六十日内向劳动争议仲裁委员会提出书面申请。对仲裁裁决不服的，可以自收到仲裁裁决书之日起十五日内向人民法院提起诉讼。

（三）甲方违反劳动法律、法规和规章，损害乙方合法权益的，乙方有权向劳动保障行政部门和有关部门投诉。

十、其他事项

（一）劳动合同期内，乙方户籍所在地址、现居住地址、联系方式等发生变化，应当及时告知甲方，以便于联系。

（二）本合同未尽事宜，均按国家有关规定执行，国家没有规定的，通过双方平等协商解决。

（三）本合同不得涂改。

（四）本合同如需同时用中文、外文书写，内容不一致的，以中文文本为准。

（五）本合同一式两份，具有同等法律效力，甲乙双方各执一份。

（六）本合同附件包括：

法定代表人或负责人签名： 乙方签名：

甲方盖章：

签章日期： 签名日期：

五、劳动争议处理的基本形式

1. 协商解决

发生劳动争议，劳动者可以与用人单位协商，也可以请工会或者第三方共同与用人单位协商，达成和解协议。

2. 申请调解

发生劳动争议，当事人不愿协商、协商不成或者达成和解协议后不履行的，可以向调解组织申请调解。

3. 申请仲裁

不愿调解、调解不成或者达成调解协议后不履行的，可以向劳动争议仲裁委员会申请仲裁。

自劳动争议调解组织收到调解申请之日起十五日内未达成调解协议的，当事人可以依法申请仲裁。

劳动争议申请仲裁的时效期间为一年。仲裁时效期间从当事人知道或者应当知道其权利被侵害之日起计算。

4. 提起诉讼

对仲裁裁决不服的一方，可以自收到仲裁裁决书之日起十五日内向人民法院提起诉讼。

劳动争议处理的基本程序可参见下图。

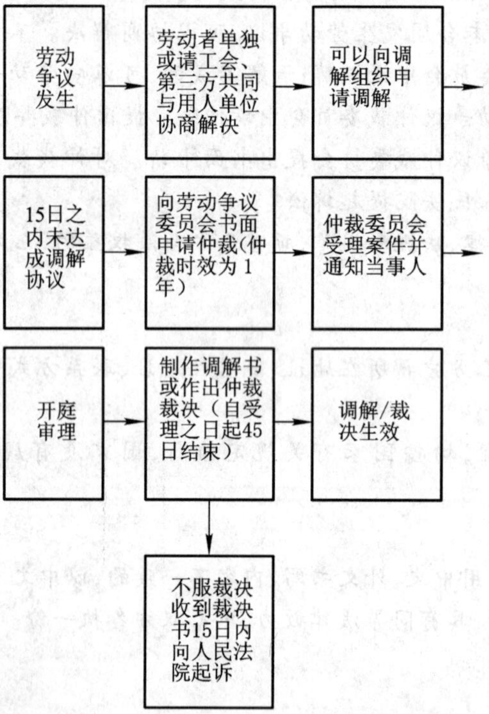

【资料链接】

一、就业协议与劳动合同的区别

（一）主体不同

就业协议适用于应届毕业生与用人单位、学校三方之间，学校是就业协议的鉴证方或签约方。就业协议对用人单位的性质没有规定，适用于任何单位；而劳动合同只适用于劳动者（含应届毕业生）与用人单位（不含公务员单位和比照实行公务员制度的组织和社会团体以及军队系统）之间，与学校无关。

（二）内容不同

毕业生就业协议的内容主要是毕业生如实介绍自身情况，并表示愿意到用人单位就业、用人单位表示愿意接受毕业生，学校同意推荐毕业生并列入就业方案，而不涉及毕业生到用人单位报到后应享有的权利义务。劳动合同的内容涉及劳动报酬、劳动保护、工作内容、劳动纪律等方方面面，更为具体，劳动权利义务更为明确。

（三）时间不同

一般来说就业协议应在毕业生就业之前签订，而劳动合同往往在毕业生到用人单位报到后才签订。

（四）目的不同

就业协议是毕业生和用人单位关于将来就业意向的初步约定，是对双方的基本条件以及即将签订的劳动合同的部分基本内容的大体认可，并经用人单位的上级主管部门和高校就业部门同意，一经毕业生、用人单位、高校、用人单位主管部门签字盖章，即具有一定的法律效力，是编制毕业生就业方案和将来双方订立劳动合同的依据。

（五）适用法律不同

就业协议发生争议，除根据协议本身内容之外，主要依据现有的毕业生就业政策和法律对合同的一般规定来加以解决，没有专门的一部法律对毕业生就业协议加以调整。而劳动合同一旦发生争议，应依据《劳动合同法》来处理。

二、签订就业协议的程序

1. 毕业生和用人单位达成协议并在就业协议书上签名盖章，用人单位应在协议书上注明可以接收毕业生档案的名称和地址。

2. 用人单位进人，如须经主管部门同意则应报上级主管部门批准（如当地的人事局、上海、北京、深圳、广州等城市则另有要求）。

3. 毕业生将签订好的协议书直接送到学院毕业生就业指导工作处。

4. 学校会及时将协议书的审核情况反馈给用人单位和毕业生。

5. 对于考研、专升本的毕业生，在与用人单位签订协议时要说明情况，如果用人单位在知情后同意签约，毕业生在录取研究生或升入本科后不承担违约责任。没有签约的考研、专升本的毕业生将就业协议书统一交到就业处。

6. 签完就业协议书的毕业生，将协议书及时交到就业处，确保在毕业时能及时拿到就业派遣证。

三、落实了就业单位，如何派遣

1. 毕业生和用人单位签订《毕业生就业协议书》，到当地人事部门审核备案，并在审核备案表或就业协议书上盖章的毕业生的所有关系将直接派到毕业生工作单位。

2. 毕业生和用人单位签订《毕业生就业协议书》，当地人事部门不能审核备案的，本人可在该单位工作，但户口、档案可回原籍，也可挂在人才服务中心。

3. 毕业生和用人单位签订《毕业生就业协议书》，只是暂时没有到所在地政府毕业生就业工作部门审核备案的，可先提供工作证明，作为学校了解毕业生就业去向和统计就业率的依据。待审核备案手续办完后，再办派遣。

四、由于各种原因暂时不能签约，怎么办

1. 由于各种原因暂时不能签约的，必须提供工作证明，作为学校了解毕业生就业去向和统计就业率的依据，户口、档案暂时保留在学院。

2. 毕业生须将工作证明和“要求把户口、档案保留在学校的申请”在毕业前由系部收起统一交到学校毕业生就业指导办公室，这样，户口、档案方可保留在学校两年。

五、签订协议时应注意的问题

1. 查明用人单位的主体资格

签订就业协议的双方当事人都必须具备合法的主体资格。用人单位必须具有从事经营或管理活动的能力，应有录用指标和录用自主权。

2. 按规定的程序签订协议

毕业生凭学校发放的就业协议书,在与用人单位签约后应交给学校就业指导工作处。

3. 有关条款的内容必须明确

毕业生与用人单位在签约时,尽量采用示范条款。如确有必要进行变更或增加,亦应在内容上予以明确。

4. 注意与劳动合同的衔接

由于毕业生就业协议签订在先,为避免在日后订立劳动合同时产生纠纷,应尽可能将劳动合同的主要内容体现在就业协议的约定条款中,并明确表示在今后订立劳动合同时应予以确认。

5. 对合同的解除条件做事先约定

毕业生就业协议一经订立,就对双方当事人具有约束力,不得随意解除,否则应承担违约责任。

六、就业协议的解除

就业协议的解除分为单方解除和双方解除。

单方解除,包括单方擅自解除和单方依法或依协议解除。单方擅自解除属违约行为。单方依法或依协议解除,是指一方解除就业协议有法律上或协议上的依据,此类单方解除,解除方无须对另一方承担法律责任。

双方解除是指毕业生、用人单位,经协商一致,取消原订立的协议,使协议不发生法律效力。双方均不承担法律责任,但须征求学校同意。

七、违约责任及毕业生违约的后果

毕业生违约,除本人应承担违约责任支付违约金外,往往还会造成其他不良的后果,主要表现在:

第一,就用人单位而言,用人单位为录用一名毕业生作了大量的工作,一旦学生违约,会给用人单位造成被动的影响。

第二,就学校而言,用人单位将毕业生违约行为认为是学校的管理不严,从而影响学校和用人单位的长期合作关系。

第三,就其他毕业生而言,违约会影响该校其他毕业生的就业,造成就业信息的浪费。

【现身说法】

【案例1】

小王是一名2007年毕业的大学生。2008年3月中旬,他和一家公司签订了《大学生就业协议书》,签订的协议内容约定:试用期为3个月,服务期2年,违约金2 000元。可是到了7月份,试用期已经4个月了,公司还没有和他签订《劳动合同》,于是他在7月1日向公司提出了辞职报告,公司也同意小王辞职,但是却在其办理手续时,告知他违约,要交2 000元的违约金。小王觉得这样很不合理,却又无可奈何,想请教有关专家,是否应该缴纳违约金。

专家点评:小王无须支付违约金。就业协议是基于毕业生的学生身份与用人单位、学校三方共同签署的民事合同,是三方关于将来依法建立劳动关系的约定,原则上自毕业生进入用人单位工作建立劳动关系起就自动失效,毕业生转为劳动法意义上的劳动者,应受劳动法律法规的保护。

小王毕业后按照就业协议约定到公司工作，已经履行了就业协议，不存在违约行为。而公司却未按照《劳动合同法》规定及时与小王签订劳动合同，因此双方处于事实劳动关系状态，按照《劳动合同法》规定，员工辞职可随时解除劳动关系，小王的行为完全符合法律规定，不存在违约行为，不应支付违约金。

■【案例 2】

小冯毕业前与一家单位的市场部签了就业协议，并在 7 月份毕业后来到这家单位上班。但是工作了不久他就感觉，自己的身体状况很难适应单位高强度的工作，而且现有工作也不适合其今后的发展定位，于是在 8 月底向单位提交了解除协议申请，虽然单位答应了他的离职要求，却以违约为由，要求其必须缴纳 5 000 元人民币的违约金。

小冯觉得很委屈，身体不好无法胜任工作是客观原因，现在还处于试用期，没有签订劳动合同，凭什么说自己违约？自己在公司已经工作了一个多月，一分钱的工资都没有拿到，反而还要交5 000 元？由于小冯不肯交违约金，单位就拒绝帮助其办理离职手续，双方的僵持让小冯感觉压力很大。

专家点评：单位的要求不应得到支持，如前所述，就业协议是小冯与公司签订的约定将来建立劳动关系的民事合同，小冯 7 月份毕业后已按照约定与该单位建立了劳动关系，原就业协议已经履行完毕；而双方的劳动关系受《劳动合同法》调整。如果小冯仍处于试用期内，依据劳动合同法规定，小冯随时可以解除劳动关系；若双方没有签订劳动合同，那么属事实劳动关系，小冯也可以随时解除劳动关系而无须支付违约金。

如果在报到后，毕业生因为发生疾病不能坚持正常工作的，用人单位则应该按照在职人员的有关规定处理，即使处于试用期，单位也不能将其随意辞退。

➢ 就业小贴士

在毕业求职的过程中，除了关注就业协议签订的风险外，大学生还应该注意哪些问题呢？以下建议或许值得考虑：

不要轻易交保：一些企业在签订就业协议的同时为了保障协议的履行，要求学生缴纳一定金额的押金。这往往成为大学生受骗的陷阱。

不要虚假陈述：诚信是一项收益最稳定的“长期投资”，而欺骗终有一天会被拆穿，大学生在投递简历、面试等过程中不能过度夸大甚至欺骗用人单位。

不要希望一劳永逸：一些毕业生在接到用人单位的用人通知后，往往会认为万事大吉，可以放松自己了，但是故步自封的人很容易被淘汰。应届毕业生一方面要不断充实、完善自己，以适应用人单位的需要；另一方面要尽可能掌握更多的专业技能，以适应有可能遇到的各种工作。

【能力拓展】

1. 掌握劳动合同的格式、内容。
2. 发生劳动争议怎么办？

模块三：职场适应

情境12：培养创新思维

【情境导入】

美国有一位叫鲁托的制瓶工人，有一天和女友约会时，发现她穿着裙子的样子非常漂亮，原来，裙子在腰部收窄，显得曲线非常优美。鲁托灵机一动，心想，如果瓶子也设计成这样，一定会受到欢迎的。

他经过反复试验和改进，最终制造出这样一种瓶子：握住瓶身时，没有滑落的感觉，瓶内所装的液体看起来也比实际分量要多，而且外观优美别致。

后来，可口可乐公司看中了鲁托的设计，以600万美元买下了这项专利。鲁托因为这项发明成了富翁，而可口可乐自1923年买下这项专利后，至今仍采用这项设计，其大大促进了销售。

比尔·盖茨说："好的创意如同原子裂变，每一盎司的创意都会带来数以万计的商业利润。"

很多商机，说穿了都是以小小的创新为基础的。现代社会日新月异，更多的创新不是体现在某个全新事物的诞生，而在于这个事物从粗糙到精致、从笨重到方便、从不美观到美观、从功能单一到功能多元化等的不断完善之中。

开拓创新意识并不神奇，也并非为少数人所独有，如果你多一分观察生活的心思，多一分积极进取的信念，多转一转脑子，自然会发觉，原来你也可以创造出很多富有价值的创意。

世界管理大师彼得·德鲁克曾说过："不创新，就死亡。"在如今这个激烈的新经济时代，一个企业若缺乏创新、不思进取，必将使得整个企业利益蒙受损失。

只有具有敢为天下先的精神，才能掌握未来发展的机会。当一种趋势的苗头初现时，能够把握这种苗头，才能大胆抓住每一个新的发展趋势中蕴藏的机会，才能成为真的英雄。

【素质拓展】

创新思维训练活动一：

玩 具 公 司

1. 活动目的

创新的一个关键性前提就是要打破旧思维的约束。本游戏中，通过我们共同发掘自己没有认识到的能力，可以帮助我们重新审视自身的能力，勇于创新。

（1）充分认识自己的能力；

（2）突破思维局限；

（3）培养创造性解决问题的能力；

（4）培养纵观全局、综合看问题的能力。

2. 参加人数

全班学生，每个班可分4～5组。

3. 活动时间

30分钟。

4. 道具

纸和笔。

5. 游戏规则

（1）活动以小组为单位，告诉他们，现在他们就是一家玩具公司的设计师，他们的任务就是设计出一款新的玩具，可以是任何类型、针对任何年龄段的，唯一的一点要求就是要有新意，包括名称、卖点、广告等创意以及经费预算等。

（2）给他们10分钟时间，然后让每一个组选出一名组长，对他们设计的玩具进行一个详尽的介绍，内容包括：名称、市场细分、卖点、广告、预算等等。

（3）在每个组都做完自己的介绍之后，让大家评判出最好的组，即以最少的成本获得最好的创意；另外也可以颁发一些单项奖，例如最炫的名字，最动人的广告创意，花钱最多的玩具，等等。

6. 注意事项

（1）从一个产品的设计开发到营销推广都需要以好的创意为灵魂，没有创意的物品或广告是不会有人欣赏的，寻找创意的方法有很多，如头脑风暴、自然联想的方法都是最为常用的，因为它们可以打破思维的局限性，让想象力自由地驰骋，从而获得好的构思。

（2）但是对于一件产品来说，创意并不是唯一要求，好的构想、好的理念还需要实际条件来支持。创意会受到实现条件的约束，比如本游戏中时间的约束，预算的约束。怎样在限定的范围内寻求利益的最大化，是我们每一个工作人员都应该考虑的重要一步。

（3）在集体合作的过程中，合理的分工和妥善的计划是成功的关键，比如上面的游戏如果能合理分工，一些人管创意，一些人搞预算，就一定能事半功倍，在预定的时间内更好地完成任务。

7. 活动分享

（1）什么样的创意会让你觉得眼前一亮？怎样才能想出这些好创意？

（2）时间的限制对你们想出好的创意是否有影响？

（3）一个好的提案是不是只要有好创意就行了？还需要什么？

创新思维训练活动二：

微软的智力题

1. 游戏编排目的

这是一道微软用来测试应聘者的试题。它主要考察受训者的逻辑思维和判断能力，同时也给受训者一些关于问题解决方法上的启示。

（1）创造性思维的产生；

（2）打破传统思维的局限。

2. 参加人数

全班同学，分4～5个组，每组派一个代表来回答。

3. 时间

5～10 分钟。

4. 道具

无。

5. 游戏规则

（1）有两个房间，一间房里有三盏灯，另一间房里有控制这三盏灯的三个开关，这两个房间是分隔开的，从一间里不能看到另一间的情况。

（2）现在要求受训者分别进入这两间房间各一次，然后判断出这三盏灯分别是由哪个开关控制的。

想一想有什么办法可以办到呢？讨论后，由每个组的代表把自己组想出的办法来和大家分享。

（3）参考答案：

A. 先走进有开关的房间，将三个开关编号为 a、b、c。

B. 将开关 a 打开 5 分钟，然后关闭。再打开开关 b。

C. 走到另一房间，即可辨别出正亮的灯是由 b 开关控制的。再用手摸另两个灯泡，发热的是由开关 a 控制的，另一个就一定是开关 c 控制的了。

【知识提炼】

一、创新从创新思维开始

创新首先得要有创新思维，没有创新思维就不可能有创新的行为和结果。我们说的创新思维就是不受现成的常规思路的约束，寻求对问题的全新的独特性解答和方法的思维过程。寻求对问题的全新的独特的解答和方法，这样的思维过程，我们叫创新思维。

思路决定出路，格局决定结局。从不同的角度看问题，就可能得出全新独特的结论。有这样一个案例，两个推销人员到一个岛屿上去推销鞋。一个推销员到了岛屿上之后，气得不得了，发现这个岛屿上每个人都是赤脚，没有穿鞋的。他气馁了，没有穿鞋的，怎么推销鞋？于是马上发电报回去，鞋不要运来了，这个岛上没有销路，每个人都是不穿鞋的。第二个推销员来了，高兴得几乎昏过去了，这个岛屿上鞋的销售市场太大了，每一个人都不穿鞋啊，要是一个人穿一双鞋，不得了。那要销出多少双鞋出去，于是马上打电报，空运鞋来，赶快空运鞋。同样一个问题，你看，不同的思维得出的结论是不同的。

二、创新是一个企业自强不息的灵魂

2006 年我国 GDP 突破 20 万亿元，位居世界第四，但高技术产业占 GDP 比重不到 10%，特别是核心专利少，技术装备高端产品对外依存度高。长期以来，我国企业以劳动密集型产业参与国际分工，生产能力大，但技术能力弱，以低廉的劳动力成本和高额的资源环境成本分享全球价值链上的微薄利润。有人给中国送了顶“世界工厂”的帽子，但我们要清楚，我们多数是“汗水工业”，赚的是汗水钱。

比如，我们生产 200 美元的耐克鞋，外国设计者可得 100 美元，品牌商可得 90 美元；我们生产一台 DVD，付给外国的专利费是 18 美元，我们只赚 1 美元。真的是令人震惊、发人深省！这种“核心技术受控于人、利润分配受制于人”的局面，一定要改变，也一定能够改变。

掌握核心技术是何等的重要。核心技术来自企业的不断创新。

1. 创新是企业永恒的法则

管理大师德鲁克说，"对企业来讲，要么创新要么死亡。"微软总裁比尔·盖茨讲："微软离破产永远只有180天"；海尔总裁张瑞敏"战战兢兢，如履薄冰"；华为总裁任正非大谈危机管理。这些都不是危言耸听，这就是所谓丛林生存法则——优胜劣汰。你不创新，别人就会超过你，就要灭掉你——没有什么可商量的。

中国的海尔从1984年开始创业，20年后已成为中国企业的一面旗帜，成功原因是什么呢？就是因为它有一个创新的企业文化和一个团结的领导班子。海尔文化精髓之一就是它的创新精神。从1984年引进德国利勃海尔公司一个212的电冰箱生产技术，到2000年，经过16年的发展，其形成了69大系列10 800多个规格品种的产品。海尔现在平均每天可推出1.3个新品种，平均每天申请国家专利2.5个，海尔成为中国拥有专利最多的企业之一。

像海尔能有这么多的创新，绝不是几个工程师能搞成的，而在于他们有一个创新型团队，鼓励人人创新。1998—2000年的三年间，海尔人一共提了3万多条合理化建议，其中被采纳了17 000多条。海尔规定：工人一年提十条合理化建议，只要被采纳了七条，就可以从"合格员工"升为"优秀员工"。这就是海尔创新型团队的力量。

我们中国人素以谦虚好学著称，我们的企业要想实现跨越式发展，也就必须站在"巨人"的肩膀上，我们不但要学习日本人的团队精神，德国人的严谨态度，还应学习美国人的创新精神。

有这样一个故事：

在一次酒会上，有7个人，美国人、俄国人、英国人、法国人、德国人、意大利人、中国人，每个人都要宣传自己国家有什么好酒。中国人把茅台拿出来了，酒盖一启，香气扑鼻，在座的各位说茅台了不起。俄国人拿出了伏特加，英国拿出了威士忌，法国拿出了XO，德国拿出了黑啤酒，意大利拿出了红葡萄酒，都很了不起。到了美国人这里，美国人找了个空杯子，把茅台等几种酒都倒了一点，晃了晃，什么酒？鸡尾酒。综合就是创造。美国人只不过把别人的东西拿来综合到一块，把好的东西综合起来就是创新。

2. 创新思维决定一个人的事业天地

古今中外，大凡在事业上有所建树、有所作为的人，都是创新思维能力很强的人。他们凭借高超的创新思维能力，对事物进行优化组合，正确评价，对信息进行科学判断，认真梳理。他们靠智慧、靠特色、靠创新、靠点子，开拓出了事业上的一片广阔天地，被人们所赞颂，所称道。

清代名将杨时斋，善于逆向创新性思维，组织管理军队，指挥训练打仗，既做到了"军中无闲人"，又展示了他的非凡谋略，在历史上传为佳话。在行军打仗时，他把聋子留在左右使唤，从而避免了军事机密的泄露；他让哑巴传递密信，即使被敌方捉住，也问不出所以然；他让瘸子守放炮座，既坚守了阵地，又避免了逃兵；他让盲人伏地远听，以及时察觉敌人的行动，先机制敌。显然，通过创新性的逆向思维，兵员都派上了用场，编配上达到了最佳组合，整体作战能力得到了最大限度发挥。

另据报载：

南方有一家合资企业，在一般人看来，劳动生产率已经到了"山重水复疑无路"的地步，再没有任何潜力，乃至任何招法了。就在这个时候，公司下属一位车间主任应聘竞争上岗。上任后，在认真调研论证、广泛听取意见和建议的基础上，他对公司所属的四个车间分别采取了如下措施：

第一个车间都是男孩(同志)，好，加几个女孩(同志)进去，效率大大地提高了。我们经常有人说的，男女搭配，工作不累。“女+子=好”。

第二个车间都是青年人，好，加几个中老年人进去，老成持重，效率明显提高。

第三个车间都是中老年人，好，加几个青年人进去，增添了活力，效率直线提高。

第四个车间，老的少的，男的女的，都有。怎么提高效率呢？经过认真分析发现，这个车间都是本地人。好，加几个外地人进去，都拼命地叫劲干，效率大幅度提高。

结果，面貌改变了，效率提高了，效益增强了，事业做大了。

创新思维是多么重要，它不仅可以用来指挥行军打仗，也可以用来提高一个企业的生产效率。

3. 创新思维能力将影响一个人的发展前途

老马是公认的好同事，年年工作量都名列前茅，可是两次晋升的机会都没有他。先后提升的两个同事资历没他深，工作量也比他少，不用说他心里当然不服，其他同事也都为他愤愤不平。公司经理知道后和他们讨论自己的看法：他认为老马虽然工作态度很好，踏实肯干，但是多无创意，在市场变化环境中，只有踏实肯干是不够的，思想古板只会使市场停滞不前，这样最终会被淘汰出局。

所以说工作要有创新思维，要有开拓的精神，在完成任务的过程中一定要发挥自己的主动性、创造性。要在工作中求变通、求发展、求创意。领导想到的你要能做到，领导没有想到的你也能办到，这样的下属才能得到重用和提拔。

三、学会用创新思维

1. 掌握创新思维方法

创新思维方法包括发散思维方法、收敛思维方法、逆向思维方法、对立思维方法等：

(1) 发散思维方法

发散思维亦称扩散思维、辐射思维，是指从已有的信息出发，尽可能向各个方向扩展，求得多种不同的解决办法，衍生出各种不同的结果。发散思维是多向的、立体的和开放型的思维。这种思路好比自行车车轮一样，许多辐条以车轴为中心沿径向外辐射。比如说曲别针可以用来做什么？你可以有上千个答案。

发散思维可以使人思路活跃、思维敏捷，办法多且新，能提出大量可供选择的方案、办法或建议，特别能提出一些别出心裁，完全出乎意料的新鲜见解，使问题奇迹般地得到解决。

(2) 收敛思维方法

与发散思维相反，收敛思维是从已知的前提条件(如方案、设想、思路、知识、经验等)出发，寻找解决问题的最佳答案，或逐步推导出唯一的结果。收敛思维亦称汇聚思维、聚合思维。这种思维就像车轮的辐条全都汇聚到一个中心上来一样。所以收敛思维是一种单一目标的、闭合式的思维。提高收敛思维能力也就是提高分析、综合、抽象、概括、判断、推理的逻辑思维能力。

新建图书馆搬书——众多方案中选择最佳方案，节省人力、财力，即读者在旧图书馆借阅图书，但还书时还到新图书馆。

(3) 逆向思维方法

逆向思维，又叫逆反思维。逆向思维是与正向思维相对而言的，即突破思维定式，从相反的方向思维，这样可以避免单一正向思维和单向度的认识过程的机械性，克服线性因果律的简单化，从相向视角（如上—下、左—右、前—后、正—反）来看待和认识客体。这样往往会别开生面，独具一格，常常导致独创性的发挥，取得突破性的成果。历史上的司马光“砸缸救人”；军事上的“声东击西”、“欲擒故纵”、“空城计”；数学上的所谓“反证法”等都与逆向思维有关。逆向思维常常被视为创造性思维的主要表现之一。

(4) 对立思维方法

对立思维，即两两相对，从问题的两个方面思考问题，可以避免片面性。

2. 要打破传统的思维定式

一家酒店经营得很好，人气旺盛、财源广进。酒店的老总准备开展另外一项业务，由于没有太多的精力管理这家酒店，他打算在现有的三个部门经理中物色一位总经理。

老总问第一位部门经理：“是先有鸡还是先有蛋？”

第一位部门经理不假思索地答道：“先有鸡。”

老总接着问第二位部门经理：“是先有鸡还是先有蛋？”

第二位部门经理胸有成竹地答道：“先有蛋。”

这时，老总向最后一位部门经理说道：“你来说说，是先有鸡还是先有蛋？”

第三位部门经理认真地答道：“客人先点鸡，就先有鸡；客人先点蛋，就先有蛋。”

老总笑了。他决定将第三位部门经理升为这家酒店的总经理。

就理论事，往往很容易局限在一个个小的圈子里，这就是常说的“惯性思维”，是一种思维定式。一旦进入传统的思维定式里边就很难走出去，找不到处理事情的正确方法；相反，当我们换个角度跳出原有的思维定式或“惯性思维”的框框时，我们一下子就感觉到豁然开朗，眼前为之一亮。

3. 在疑问中寻找答案

前人留给我们很多的经验和知识，让我们少走了许多弯路。然而，如果我们只是一味遵照他们的传统思路走下去的话，恐怕这个世界将会停滞不前。不要为已成的学说压倒，不怀疑就不能见真理。对旧观念产生怀疑，并跳出思维方式的框框去开阔视野、创新思路，对我们掌握事物的本质将大有好处。

伟大的天文学家哥白尼经过长期的观测，算出太阳的体积大约相当于 161 个地球（实际上比这个数字还要大）。他想，这么一个庞然大物，会绕着地球旋转吗？他开始对流传了一千多年的托密勒的“地心说”产生了怀疑。哥白尼天天观测着、计算着，他终于创立了以太阳为中心的“日心说”。哥白尼之所以有如此重大的发现，主要是他善于怀疑，在人们习以为常的事物中找出问题来。

4. 创新思维源自学习

创新思维来源于什么？创新思维来自不断地学习。一个现在有能力的人，不管他是博士、硕士，还是高级工程师，如果不注重学习，会很快落后，也会因此而缺乏创意。创新思维要求人们在思考解决问题的时候，在想新的点子、新的创意的时候要头脑清醒，不断学习吸取新东西。例如，在西门子，每一个员工都会积极主动地从工作过程中学习，向同事学习，从商业实践经验中学习，并通过和他人分享知识来学习，以此来保证自己的进步和未来的成长。他们勤于思考，随时愿意接受新的东西。正因为如此，他们才能不断地提出新的设想、新的创意，搞出新的发明。

5. 创新思维源自实践

足球场上的一个法则，那就是：你不射门，你就百分之百没有命中率。要想赢球，那就不断而疯狂地把球射向对方的大门。创新思维不仅来自灵感，来自积极活跃的思维，还来自实践，来自在实践当中的启发和验证。因为不是所有的创新思维的成果都能够在实践当中行得通。比如说爱迪生在发明电灯泡的过程中尝试了6 000次才成功，有人跟他说你怎么失败了6 000次还不放弃？他的回答是："我不是失败了6 000次，我是成功地学习了6 000种不能够成为电灯泡的技术。"光有想法、创意是不够的，这些创意是需要在实践或实验当中去验证的。

所谓创新有法，思维无法，贵在创新，重在思维。只有创新思维的存在，才能有富有成效的新产品诞生、一个有意义方法的提出，一个成功契机的到来。正因为这些创造性发明和创新的出现，新行业才得以诞生，企业才得以发展、财富才得以汇聚，社会才得以进步、世界才有了今天这样的精彩。从某种意义上来说，创新思维是引导社会发展和进步的基石。

【资料链接】

达尔文在《进化论》里阐述了生物在自然选择环境下"适者生存"的认识，这种观点即"优胜劣汰"。优胜劣汰是自然的规则，也是市场的游戏规则。没有竞争就没有发展。现代社会是不断发展的社会，自然界、商界、个体之间每天都在上演着竞争。要在世界上生存，竞争就是必需的。竞争又是极其无情和残酷的，竞争不相信眼泪，谁能适应激烈的竞争，谁就能成为王者。要么在竞争中变强，要么在竞争中被淘汰。

吉列是世界上最大的剃须刀产品品牌。可是它就曾经因为一时大意，在公司发展的历史上受到过沉重的打击。

1961年，英国威克逊公司在世界上第一次采用不锈钢材料制造剃须刀并获得成功，推出了人类历史上第一把不锈钢剃须刀片，使得剃须刀的制造工艺领域出现了一场具有划时代意义的革命。不锈钢刀片的异军突起，给吉列公司拉响了警报，显然，不锈钢刀片的市场份额将会在日后持续扩大，这将严重影响吉列的市场地位。

面对这样的情况，吉列只有一个补救方案，立即推出自己的不锈钢刀片。这样既可以满足吉列已有的广大市场，而且无需要花费太多的促销费用。但是不锈钢刀片上市后，将会对吉列原来的产品——"超级蓝光"销量产生影响，因此吉列需要极大的决心和勇气。

最后，吉列并没有决定生产不锈钢刀片。吉列的决策者们经过分析后，错误地认为吉列在刀片市场上的地位是不会被动摇的。于是，他们决定不理睬不锈钢刀片，而是全力巩固吉列的原有产品"超级蓝光"的市场地位。

显然，吉列在决策上缺乏创新意识。后来的事实证明，这是一个极端错误的决策。在吉列做出这个决策后不久，整个事态的发展对吉列而言完全是急转直下，令吉列的决策者们瞠目结舌。不锈钢刀片在市场上的销售势头空前凶猛。吉列的竞争对手完全剃刀公司和精锐公司充分利用吉列无动于衷的大好时机，投入巨额促销费用，大力宣传不锈钢刀片的经久耐用、物美价廉，使得不锈钢刀片的销售不断升温。

在不锈钢刀片的优势和强大促销的双重攻势下，吉列新老顾客纷纷"叛变"，进入了不锈钢刀片的阵营。而吉列"超级蓝光"碳钢刀片的销售量则急剧减少，市场份额降至吉列有史以来的最低点。

如今，40 余年过去了，吉列这一剃须刀品牌在市场上经过无数次的龙争虎斗，几经沉浮，还是牢牢占据了市场霸主地位，但那次大伤元气的痛苦教训对吉列来说绝对是深刻的。吉列的失误让我们看到：在现代竞争激烈的商业社会中，一个企业即使已经取得了产业领袖的地位，也不能认为自己可以高枕无忧，安于现状，而是要密切注意市场动态，居安思危，时时刻刻提醒自己，不断地开发和创新，只有这样，才能巩固自己的产业领袖地位。

【能力拓展】

"头脑风暴"：假如你开了一家婚庆公司，你会给新人们提供什么样别开生面、意想不到、永远难忘的婚礼仪式呢？

情境 13：职场基本礼仪现场演示

【情境导入】

新员工遇见董事长未予理睬，被要求辞职

"加完班，我又饿又冷，赶着回家，压根不知道他是集团公司董事长，是我的领导的领导的领导。但不能因为我在电梯里没理他，就要开除我呀！"小张委屈地说。"我关心他，主动问候他，他却恶狠狠地朝我瞪眼，他思维有问题，不适合做期货。"董事长对此表示。

看来，要在南京混口饭吃，做个爱饶舌的"舌搭子"也有好处。

电梯遇老板，是祸不是福

小张是南京人，今年 24 岁，南京财经大学本科毕业。去年 11 月 10 日进入中华路弘业大厦期货公司就职，很快与公司签了半年期的合同。他很开心，这年头找个饭碗不容易，因此工作十分卖力。

去年 12 月中旬的一个周五，小张加了一会儿班，离开办公室已是晚上 7 点多了。大厦电梯载着他开到 12 楼时，进来一位老人，中等个子，面相和蔼。小张不认识，向里让让，让老人进了电梯。

"小伙子，你是哪个公司的？"电梯启动后，老人开口问道。

小张这时候又冷又饿，急着回家填饱肚子，不想与陌生人多说话，瞟了对方一眼，没开口。

"你是哪个公司的？告诉我。"老人再次问道。小张告诉他是期货公司的，并反问："有什么事吗？"

电梯到了一楼，保安跑过来，接过老人手上的拎包，放进楼前的轿车里，并为老人打开车门。保安认识小张，并告诉老人："这小伙子是您属下期货公司的。"

"你是不是不想干了？"老人临上车前，愠怒地说，然后钻进轿车走了。保安拿来一张纸，把小张的姓名和公司都记了下来。小张骑自行车回家的途中，有点忐忑不安，刚才遇见大领导了，可能不是什么好事。

小事看性格，一波又三折

小张刚回到家，手机就响了，是公司的部门经理。"你怎么回事，把刚才电梯里的事讲一讲。"小张一五一十地叙述了一遍。"唉，那是集团公司的大老板呀！"部门经理抱怨说。

“要不要我周一上午到他办公室赔礼道歉？”小张问。

“等会儿再说吧。”部门经理挂断了电话。

过了一会儿，部门经理再次来电，又详细询问了经过。吃过晚饭后，小张很紧张，主动给部门经理打电话：“您看我该怎么做，跟他道个歉？”

“不用，不用了，我已经跟他解释过了，没事。”部门经理安慰小张。

小张稍微放了点心，此后一段时间，上班下班都很正常。

一周后，部门的经理助理找到小张，“那天电梯里的事，你写份检查吧，深刻一些。”在检查里，小张诚恳地表示了歉意。

今年元月初，部门经理让小张带着检查，去见期货公司的一把手。小张恭恭敬敬地表示歉意，这位老总说：“你要以实际行动弥补过错，回去后好好工作吧。”

1 月 10 日，期货公司开年终总结会。聚餐时，部门经理向小张耳语：“等会大老板要来敬酒，你机灵一点，回避一下。”小张明白了，便独自走开。

瞪眼也有错，饭碗难保留

1 月 12 日晨会后，部门经理把小张留了下来，“唉，为你那件事，集团大老板把我们期货公司的一把手骂得一塌糊涂，说我们招来的人素质太差。你在公司没发展空间了。你考虑考虑，打个辞职报告，可以不来上班了，工资结算到 2 月份。”

这番话如同一盆冷水当头浇下，小张猛的一个激灵。“我的合同到 5 月 31 日才到期呢，我在电梯里没与董事长打招呼，也不能算原则性错误呀。我业务上没犯错，不比同一批进来的人差，干吗要我辞职？”

小张垂头丧气地回家后，百思不得其解，合同没完就走人，对职业生涯规划也有了影响，他不甘心，便与父亲一起到公司讨说法，但没找到董事长。

思维不正常，不宜做期货

记者陪小张和他父亲再次来到江苏弘业国际集团。见到被儿子得罪的董事长后，父亲双手抱拳，诚恳地说：“我教子无方，特地带他来给您赔礼道歉，希望您大人不记小人过，饶他这一回。”

董事长站起身，回想电梯里的情形，仍有些生气：“我看他下班这么晚，主动与他打招呼，本想表扬他几句，没想到他却向我瞪眼睛。”说完，董事长模仿了小张瞪眼的样子，越学越生气，“他恶狠狠地翻眼瞪人，问他话也不搭理。他的思维不正常，期货行业对员工素质要求很高，他不适宜做期货。”

记者问，“小张的合同还没到期呢，为何要他辞职？”“社会上用人单位多呢，他可以到别的单位试试。”董事长态度坚决地回答。

【问题讨论】

1. 你认为小张有错吗？如果有，他错在哪儿？
2. 你认为我们在校大学生应该从小张身上吸取什么教训？
3. 合同未到期，公司是否有依据辞退小张？

【礼仪训练】

一、电话礼仪
二、电梯礼仪
三、汽车礼仪
四、饭桌礼仪
五、介绍礼仪
六、迎送礼仪
七、着装礼仪

礼仪表演要求：

以上礼仪表演要求提前一个星期把任务布置给学生，任务分配到组。

老师可以把相关礼仪资料发给学生，也可让学生自己先查找资料准备礼仪知识，并在课下提前演练。

课堂表演前先给一定的时间进行演练，然后再分组表演。表演完后，其他组要点评，最后老师根据各组表演情况打分，以鼓励为主，肯定成绩，对表演当中存在的不足进行点评。

【知识提炼】

职场礼仪

一、如何打电话

1. 在打电话之前，要将所讲事情的要点写在纸上，并准备好相关资料，避免在打电话时有所遗忘。为了告知自己忘记说的事情，又重新打电话给对方，会多次打断对方的工作，给对方带来麻烦。

2. 要长话短说

要特别强调“三分钟原则”。尽量不要超过三分钟。对通话时间的基本要求是：以短为佳，宁短勿长。

3. 打电话时，先说“你好”，声音清晰、明快。

然后要自报单位、职务和姓名。

寒暄后，就应直奔主题，要讲的事需要从结论说起，条理要清晰，让对方一听就明白。

4. 遇到专有名词和数字应进行复述，注意别出差错。

5. 结束语：

好的，谢谢！再见！

- 谁先挂电话？

商务电话中，原则上应该由打电话的一方先挂电话。注意要轻放。

- 如何接听电话

1. 一般应在第二声铃响之后立即接听。许久之后才接电话的，要先说“对不起”。

2. 在礼貌问候对方之后，应主动报出公司部门名称以及自己的姓名，切忌拿起电话劈头就问：“喂，找谁？”

3. 来电话的人需要留言，也应用简洁的语言清晰地报出对方的姓名、单位、回电号码和留言。

4. 结束电话交谈时，通常由打电话的一方提出，然后彼此礼貌地道别。

5. 通话时声音要清晰、吐字清楚，速度适中，语调要显得愉快，面带微笑。显示出职业风度和可亲的性格。

➢ 切忌说话时吃东西、嚼口香糖；

➢ 切忌说话冷漠不礼貌；

➢ 切忌说话发嗲。

二、饭桌如何排位

1. 如何入座

最得体的入座方式是从椅子左侧入座。

当椅子被拉开后，身体在几乎要碰到桌子的距离站直，男士应该帮助女士把椅子推进来；如果是几位女士来就餐，餐厅服务生应帮助推进坐椅。入座时，当腿窝碰到后面的椅子时，就可以就座。

2. 饭桌上如何排位

➢ 面门定位；

➢ 以右为尊；

➢ 以远为上；

➢ 主宾高于主人，主宾坐主人位，主人坐主宾位；

➢ 主人面对正门而坐，并在主桌就座，主人右边的位置比较尊贵；

➢ 右高左低原则；

➢ 中座为尊原则；

➢ 面门为上原则。

3. 如何敬酒

➢ 通常在宴会中，会由主人向主宾祝酒，碰杯时，主人和主宾先碰，人多时可同时举杯示意，不一定碰杯，主宾在适当时机也要回敬主人；

➢ 敬酒也是一门学问，一般情况下敬酒应以年龄大小（先大后小）、职位高低（先高后低）、宾主身份（先宾后主）为序；

➢ 要单独给长者、职位高者敬酒，酒杯要比长者、职位高者要低，并且右手举杯、左手要托杯，以示尊敬；

➢ 干杯时，提议者应起身站立，右手端起酒杯，或用右手拿起酒杯后，以左手托住杯底，面含微笑，真诚地面对他人，不一定要一饮而尽。

三、坐车如何排位

1. 由车主亲自驾车如何排位

由尊而卑依次为：副驾驶座、后排右座、左、中。

2. 由专职司机驾车如何排位

由尊而卑依次为：后排右、左、中、副驾驶座。

3. 如何上下车

一般来讲，位尊者先上车，最后下车。位卑者应当最后上车，最先下车。

若有专人恭候，并负责拉开轿车的车门，这时位尊者可以先下车。

四、上下楼注意什么

➢ 上下楼应靠右侧单行行进；

➢ 男女同行上楼，女士居后；

➢ 在客人不认路的情况下，陪同引导员在前面带路，在客人的左前方 1～1.5 米处，行进时身体侧向客人，用左手引导；

➢ 乘电梯时，如果有人控制，则客人先上先下；

➢ 如果没有人控制，则陪同人员先进后出，并控制好按钮。

五、介绍礼仪

1. 介绍的先后顺序

- 先将男士介绍给女士；
- 先将晚辈介绍给长辈；
- 先将下级介绍给上级；
- 先将客人介绍给主人；
- 先将迟到者介绍给先到者；
- 先将熟悉的人介绍给不熟悉的人；
- 先将未婚者介绍给已婚者；
- 先将家人介绍给同事、朋友；

2. 握手礼仪

◆ 握手时，双方距离以一米为宜，双腿立正，上身略前倾；

◆ 手掌和地面垂直；

◆ 手尖稍向下；

◆ 身体右侧伸手；

◆ 手指不要太弯曲；

◆ 抬手不要过高；

◆ 四指并拢，拇指适当张开；

◆ 上下摇动 1～3 下，时间是 1～3 秒；

◆ 握手注意力度，过轻或过重都是失礼的表现；

◆ 有时为表示特别尊敬或老友重逢，可用双手迎握，即用双手握住对方的一只手，这是“外交家的握手”；

◆ 握手时要虎口连接在一起；

◆ 握手时双目注视对方，微笑致意或问好；

➢ 握手三忌：

- 忌轻握手指；
- 忌握手心不在焉，看别处；
- 忌过于用力。

➢ 谁先伸出右手（尊为先）：

- 应由职位或身份高者先伸手；
- 女士先向男士伸手，和女士握手只握手指部分；

- 已婚先向未婚伸手；
- 年长者先向年幼者伸手；
- 主人先向客人伸手；
- 告辞时，客人先伸手。

六、步行礼仪

◆ 步态自然轻松；
◆ 目视前方；
◆ 身体挺拔；
◆ 双肩自然下垂；
◆ 膝关节与脚尖正对前方；
◆ 步行大小适中，自然稳健。

➢ 切忌摇晃肩膀和上半身；
➢ 切忌八字步（外八字、内八字）；
➢ 切忌脚掌拖地；
➢ 切忌同性在一起勾肩搭背（在国外会被理解为同性恋）。

七、着装礼仪

1. 女性着装

❖ 西服套裙：

- 西服套裙是女性的标准职业着装；
- 服装颜色适合选择海军蓝、灰色、炭黑、淡蓝、黑色、栗色、锈色、棕色、驼色；
- 忌浅黄、粉红、浅绿或橘红色；
- 职业套裙的最佳颜色是黑色、藏青色、灰褐色、灰色和暗红色。精致的方格、印花和条纹也可以接受；
- 衬衫的颜色可以选白色、黄色和米色与大多数套装都能搭配，丝绸也是最好的衬衫面料；
- 服装的质地应尽可能考究，色彩纯正，衣料不易皱褶。

❖ 服饰：

➢ 可选择造型稳定、线条明快、富有质感和挺拔感的服饰，以较好地表现职业女性的职业能力；
➢ 服饰款式的基本特点是端庄、简洁、持重和亲切；
➢ 忌图案过于复杂、过多透花、皱褶、坠物的服饰；
➢ 忌暴露、花哨、反光的服饰；
➢ 女士正装忌短、露、透；
➢ 内衣要显出身体曲线流畅，内衣颜色不要外泄；
➢ 丝巾要注意颜色中应包含有套裙的颜色；
➢ 袜子颜色以肉色、黑色最为常用，肉色长筒丝袜配长裙、旗袍最为得体。
➢ 切忌：

- 袜口不能露在裙摆外边；
- 不要穿带有图案的袜子；

- 随身携带一双备用的透明丝袜，以防袜子拉丝或跳丝。

❖ 鞋：

➢ 传统的皮鞋是最实用的职业用鞋，它们穿着舒适，美观大方；鞋跟高度应该以 3～4 厘米为宜；

➢ 鞋的颜色应与衣服下摆的颜色一致或再深一些，推荐中性颜色的鞋，如黑色、藏青色、暗红色、灰色或灰褐色；

➢ 忌穿红色、粉红色、玫瑰色和黄色的鞋；

➢ 正式场合忌穿凉鞋、后跟用带系住的鞋或露脚趾的鞋。

2. 男士着装

➢ 形象优美、干净合体，整洁端庄；

➢ 三色原则，是选择正装色彩的基本原则，要求正装的色彩在总体上以少为宜；

➢ 正装的色彩，一般应为单色、深色为宜，并且应当无花纹或者图案；

➢ 最标准的套装色彩是蓝色、灰色、黑色；

➢ 配套的衬衫色彩的衬衫最佳为白色；

➢ 皮鞋、袜子、公文包的色彩应为深色，并以黑色为最常见；

➢ 西服要么不系扣，要么只系一个扣。

八、如何优雅地拣起掉在地上的物品

当物品落到地上，需要蹲下身去拾拣时，注意下蹲的动作：

➢ 女士下蹲不要翘臀；

➢ 不要弯腰；

➢ 正确的姿势是：上身直，略低头；

➢ 双腿靠紧，屈膝下蹲；

➢ 起身时应保持原样，特别是穿短裙下蹲时更不要翘臀。

【资料链接】

初入职场礼仪必备

毕业生离校，走上工作岗位，一批准白领又随之而生。做一个职场新鲜人，你的身上吸引了许多人的目光，所以，仪表更是要配得起准白领的身份。

衣领要白，没有污渍，服装整洁干净的人会被认为有良好的生活方式。你的服饰不一定昂贵，质地与做工不错就可以。

男士仪容自照

A. 发型款式大方，不怪异，长度适中，头发干净整洁，无味道，没头屑，不要抹过多的发胶把头发弄得像刺一样硬。

B. 发脚与胡子剃干净。

C. 涂些护肤膏，不要让脸上皮肤太干涩或油光光的。

D. 衬衣领口整洁，纽扣扣好。

E. 耳朵与鼻孔内外都应清洁干净。

F. 领带平整、端正。

G. 衣、裤袋口整理服帖，不要塞得鼓鼓的，破坏整体服装的形象。

H. 衬衣袖口可长出西装外套的0.5～1 cm，不能过长，否则，会显得格外局促，缚手束脚。

I. 要经常洗手，连手腕也要清洗干净，可以保持袖口的整洁。

J. 指甲剪短并精心修理过，手指头干净，没有多余的手指死皮。常用热水清洗，并擦一些护手霜，保持手的湿润与柔软。

K. 裤子要烫直，折痕清晰。裤型不紧不松，要合身，长及鞋面。

L. 鞋底与鞋面侧应同样保持清洁，鞋不能破损，鞋面要擦亮，不要留有碰擦损痕。

M. 不要忘了拉拉链。

女士仪容自照

A. 头发保持干净整洁，有自然光泽，不要使用太多发胶；发型大方、高雅、得体，干练，前发不要遮眼遮脸为好。

B. 化淡妆、施薄粉、描轻眉、唇浅红。

C. 服饰端庄，不要太薄、太透、太露。

D. 领口干净，衬衣领口不能太复杂、太花哨。

E. 可佩戴精致的小饰品，如点状耳环、细项链等，不要戴太夸张太突出的饰品。

F. 公司标志佩戴在显要位置，并把私人饰品取走或移开，不能并列佩戴。

G. 衣袋中只放薄手帕或单张名片之类的物品。

H. 指甲精心修理过，造型不要太怪，也不能留太长指甲，造成工作中的不便，指甲油可用白色，粉色，肉色或透明的，不要太浓艳。

I. 工作中着齐膝一步裙或裤装，裙子不要太短，太紧或太长、太宽松。

J. 衣裤或裙子的表面不能有过分明显的内衣痕迹。

K. 鞋子洁净，款式大方简洁，没有过多装饰与色彩，跟不能太高太尖，也不能是系带式的男士鞋。

L. 随时捏走吸在衣服上的头发。

M. 丝袜挂破了一定不能再穿，可以在包里随身备一双丝袜。

做好职场新鲜人除了要打扮得体外，还要注意待人接物方面的基本礼仪。

电话礼仪

在接听电话时你所代表的是公司而不是个人，所以不仅要言语文明、音调适中，更要让对方能感受到你的微笑。同时，也不要忘记每一个重要的电话都要做详细的电话记录，包括来电话的时间，来电话的公司及联系人，通话内容等，这样才能为将来开展业务奠定良好的基础。

迎送礼仪

当客人来访时，你应该主动从座位上站起来，引领客人进入会客厅或者公共接待区，并为其送上饮料；如果是在自己的座位上交谈，应该注意声音不要过大，以免影响周围同事。切记，始终面带微笑。

名片礼仪

递送名片时应用双手拇指和食指执名片两角，让文字正面朝向对方，接名片时要用双手，并认真看一遍上面的内容。如果接下来与对方谈话，不要将名片收起来，应该放在桌子上，并保证不被其他东西压起来，这会使对方感觉你很重视他。参加会议时，应该在会前或会后交换名片，不要在会中擅自与别人交换名片。

介绍礼仪

介绍的礼节应行为大方得体。介绍的原则是将级别低的介绍给级别高的；将年轻的介绍给年长的；将未婚的介绍给已婚的；将男性介绍给女性；将本国人介绍给外国人。

握手的礼仪

愉快的握手应坚定有力，这能体现你的信心和热情，但不宜太用力且时间不宜过长，几秒钟即可。如果你的手脏或者很凉或者有水、汗，不宜与人握手，只要主动向对方说明不握手的原因就可以了。女士应该主动与对方握手，同时不要戴手套握手。另外，不要在嚼着口香糖的情况下与别人握手。①

【能力拓展】

以小组为单位组织一场职场礼仪大比赛，看哪个组组织得最好，哪个组准备得最充分、表演得最好。

情境14：如何适应职场新环境

【情境导入】

经过多年的寒窗苦读，大学生走出校门，步入社会，成为职场新人，他们意气风发，内心充满着对成功的渴望，希望在职场打拼出一片自己的天空。但是，由于没有做好角色和心理的转换，一些新人在职场中遭受很大的挫折，有的甚至放弃了对事业的追求。

■【案例1】

小王是一个非常有个性的人，非常喜欢发表自己的独立见解，在行为方式上，追求特立独行；在着装方面，他也很注重个性，一身打扮酷酷的。他的个性还体现在办公桌上摆设了很多与工作无关的小玩具。工作没几天，周围就有人开始对他指指点点。

分析：

现在的职场新人在家里基本都是独生子女，大多从小就以自我为中心。在学校里以搞好自己的学习为主，很少有需要团队合作的时候，所以大部分刚走进职场的新人，张扬个性有余，团队合作不足。

企业和学校的要求不一样，学校是以学生为单位考查其学习成绩，而企业强大竞争力的根源，在于其员工整体“团队合力”的强大。每一个团队成员的工作，都是为了与其他团队成员共同完成团队的目标，团队的绩效水平远远高于个体成员绩效的总和，因此企业更强调团队意识。另外，每个企业都有自己的企业文化，作为企业的一员必须使自己的服装、办公桌环境等与企业的文化相吻合。

---

① 摘自乐知网 www.hiknow.com，“初入职场全攻略”课程。

对于一个初入职场的新人来说，保持个性、发挥优势是有必要的，但是个性必须与团队目标、团队利益结合起来，树立团队目标、团队利益高于一切的思想，由张扬个性向强调团队转化，尽快建立团队意识，融入团队。

■【案例2】

小张毕业于某名校的新闻专业，专业成绩优秀，毕业后被分配到一家传媒公司。入职前，她满怀信心觉得自己一定会在工作上做出突出成绩。上班第一天，上司让她做一份Excel表格，虽说她曾经接触过Excel，但是对很多用途还是一知半解，结果弄了很长时间也没有弄好，耽误了上司的工作，小张非常内疚，失落感也开始不断加深。她怎么也不能接受一向在学校多方面优秀的她，上司给的评语却是工作效率低。

分析：

从学校的练习场进入职场的真正跑道，每个人都会多少有不适应的感觉，但这是成长必经的一步。进入职场之前所积累的知识毕竟限于“纸上谈兵”，运用到实际中，的确需要一段时间的思考和摸索，所以，没有必要给自己“能力有限”的负面暗示和压力。

在学校掌握的绝大部分是知识，在工作中更多需要的是能力，只有将知识运用到实践中去，在实践中反复总结升华，让知识转变成工作能力，知识才有价值。所以，职场新人一定要注重知识向能力的转换。

■【案例3】

小夏毕业后就进入一家中型公司，第一天上司领着他进办公室，多数人没抬起头来，他老老实实一个人坐在办公桌前熟悉了半天的环境，到中午吃饭时，仍然没人理他，下午他又这么坐了半天，一天下来让他很难受。第二天，他开始争着打扫卫生、整理报纸、打水，即使这样，很多同事对于他还是熟视无睹。小夏对此很是难以忍受，于是想到了辞职，但是想到不菲的收入和父母的期盼，他还是留了下来，只是心里很不舒服……

分析：

新人“职业孤独期”的时间平均为3个月。适应快的人，一个月就能过去；适应慢的人，或许需要6个月时间才能过去。与老员工沟通不畅，容易产生对公司、团队的厌烦情绪，在严重的情况下，有些人会由于心理压力太大而离开。但是，经历一段时间的沮丧和迷惑之后，情绪逐渐平静下来，开始尝试去寻找适应新环境的办法。于是，与老员工的接触多起来，并开始建立了彼此之间的友谊。

无论是作为刚踏入社会的新人，还是刚进入公司的新人，你对周围都是不熟悉的，不熟悉社会的语言环境，不熟悉公司的语言格调，很容易不小心就说错了话，比如部门里忌说某件事，与其多说多错，倒不如先少说点，等摸清了情形再“说”也不迟。

【问题讨论】

1. 读完上述三个职场新人案例之后，你有何感想？

2. 你认为作为职场中的新人应如何适应新环境？

3. 你认为大学毕业生如何在职场中快速成长？

【知识提炼】

一、职场环境

1. 职场环境的含义

职场环境是指职业工作中各要素之间各种关系的总和，它比工作环境、工作氛围有更丰富的内容。职场环境包括硬件环境和软件环境。硬件环境包括：办公场地、办公设施设备、工作器具等硬件，主要在于人的感官感受和便利工作与否，甚至包括安全设施、照明、噪音、空间布局等。软件环境指工作氛围、人际关系、流程制度、员工情绪、绩效文化、领导风格等。硬件环境带有较强的行业属性和岗位特点，同类型企业之间一般不会有太大的差异。硬件环境和软件环境都会对员工产生重大影响，但影响最明显的是软件环境，尤其对高素质员工，比如职业经理，软件环境的影响远远大于硬件环境的影响。随着现代企业的发展，这种差距还在加剧。

在职场环境诸多要素中，人是最活跃最有影响力的要素。员工、管理者、各种形式组成的团队、团队内的各种关系成为职场环境中最重要的组成部分。

职场环境反映更多的是员工的一种心理感受，与企业文化密切相关。它不仅反映了一个企业和团队的客观面貌，同时也是企业和团队价值观念、团队精神、企业精神的具体体现。真实的企业文化和团队文化只有在相应的职场环境中才能够真正感受。

2. 职场环境对员工的影响

职场环境直接影响着员工的快乐指数和满意度，因而职场环境往往成为许多企业员工满意度调查的一个十分重要的方面。和谐的职场环境可以大大激发员工的热情，提高工作积极性和创造性，提高工作质量和工作绩效；较差的职场环境则是造成员工人际关系紧张、情绪消极、工作懈怠、员工职业道德下降的罪魁祸首。

职场环境是检验人力资源工作的一个综合性指标，也将是人力资源工作中最为核心、最为艰巨的一项长期工作，成为现代人力资源管理的核心内容。是否具有良好的职场环境，已经成为员工选择企业的一个主要标准，也是企业是否能够留住人才的一个主要因素。现在各种形式的最佳雇主评选，都将其列为主要考察指标。如 2007 年由中华英才网、荷兰著名排名公司（Corporate Research Foundation，简称 CRF）、第一财经频道三方共同举办的“中国最佳雇主”评选，就将企业文化和工作环境作为考核企业的六项主要标准之一。

3. 职场环境的多样性

不同性别、不同年龄、不同性格、不同知识背景的人形成了丰富的个体。比如美国著名的 PDP 个人天赋特质扫描系统，把人分为老虎型、孔雀型、考拉型、猫头鹰型和变色龙（整合）型五种动物，每种动物代表不同的性格特点。比如老虎型代表自信满满、喜好竞争的人；孔雀型的人擅长表达和交际，是谈判沟通的能手；考拉型的人平易近人、敦厚可靠、步调夯实而稳健；猫头鹰型的人规矩、精益求精、自律严格；变色龙型的人适应力和弹性都很强，随机应变、圆融通达。

测评如此，每个人对自我的认识同样丰富多彩。在 2006 年智联招聘进行的“我到底是朵什么花”调查中，选择最多的是死不了和兰花，各占 28%。前者代表了顽强的生命力、百折不挠的精神和默默无闻的奉献；后者则代表了独善其身、聪慧能干的高雅气质。可见，职场中最多的是两种人，一种是靠智慧，另一种是靠坚持。另外，四季常青、始终是业务骨干的松树型职场人也不少，占 17%，随遇而安的蒲公英、个性太强爱得罪人的刺儿球、娇艳的玫瑰和激情一时的昙花分别占到 13%、11%、2%和 1%。

不同的个体便组成了丰富多彩的团队，就像不同的元素组成了不同的物质。加之行业的因素、老板的风格、不同的经营模式和管控模式，以及企业发展的不同历史背景、发展经历和所处的不同发展阶段，便形成了不同的职场环境。职场环境的差异不仅存在于公司之间，同样也存在于公司内部。公司同事之间、管理者与管理者之间、管理者与职员之间，这种职场差异性无处不在。

从智联招聘进行的职场多样性调查中，我们可以看到职场环境多姿多态。33% 的人形容自己的职场是高原草甸，职场环境不够稳定，内部差异性很大，呈多样化分布，就像随着海拔的变化，植被也会发生变化一样；25% 的人认为不幸生存在文化沙漠中，所在职场单调枯燥；19% 的人认为生存在热带雨林中，在湿热的环境中，为了争夺阳光而疯狂竞争；5% 的人认为生活在寒冷的西伯利亚，整体环境冷酷无情。仅有 18% 的幸运儿，他们认为自己生活在丽江古城一样的环境中，舒适和谐。

在职场环境差异的因素中，员工对职场中其他人的喜好程度也是十分重要的。有调查显示，如果用动物来给不同类型的人群分类，职场人最喜欢的领导是代表博学、睿智的海豚型领导，其次是亲民、温柔的绵羊型领导，果断、强势的狮子型领导也勉强挤进了三甲。而职场人最喜欢的同事则是能干的狮子型同事，其次是博学的“海豚”和勤劳的“蜜蜂”。而受欢迎程度最低的领导却是蜜蜂型勤劳、事必躬亲的领导，受欢迎程度最低的同事则是美丽的孔雀型同事。可见，人们对于职场中的领导类型、同事类型的喜好各有不同，而同一个人对领导和同事的喜好类型竟然大相径庭。

二、适应职场新环境的重要性

对于大多数应届毕业生来说，刚刚踏出校门便跌跌撞撞地走上了不同的岗位，如何去适应工作？如何融入办公圈子？怎样才能完成角色转换？一个个难题像一道道门槛一样横亘在这些职场“新人”面前。作为一名职场新人尽快适应环境，跨越这些门槛就显得特别重要。

1. 适应职场新环境的重中之重是学会沟通

在职场工作中，“沟通”是一件很重要的事，不管是对上司、属下、同仁、客户，或对各接洽商谈的单位，都需要很好的沟通技巧，即“人际沟通”。然而，在职场中，难免会碰到许多不如意的事，遭遇挫折。这时，自我心情的调适，或自我不断地激励，就是所谓的“自我沟通”。

有时我们在沟通时，会不自觉地用一些“否定式”、“命令式”或“上对下”的说话方式，例如，“你错了，你错了，话不能这么说”；或是“哎呀，跟你说过多少次了，你这样做不行啦；你怎么那么笨，跟你讲你都不听”。

一般来说，人都不喜欢被批评、被否定。但是，有时我们在言谈时却不知不觉地流露出“自我中心主义”和“优越感”，觉得自己都是对的，别人都是错的。可是，有句话说得好：“强势的建议，是一种攻击。”

有时，即使我们说话的出发点是良善的、是好意的，但假如讲话的口气太强势、太不注重到对方的感受，则对方听起来，就会很不舒服。

你知道吗？其实，我很赞同你的想法，但我很不喜欢你讲话的口气，其实，我很同意你的见解，但我很不喜欢你讲话的态度；有时，我们会说：“我这个人很理性啊，你看，我的门都是开的，大家随时都可以进来和我沟通啊。”可是，假如“我们的门是开的，可心却是关的”，又有什么用呢？因此，在沟通时，必须注重到对方的感受，毕竟每个人都有自我尊严感的需求，每个人都希望被肯定、被赞美、被认同、被附和，而不喜欢被否定、被轻视，所以，即使双方意见不同，但必须做到“异中求同、圆融沟通”，“有话照说，但口气要委婉”。

中国人造字很有意思，想想“我”这个字，是哪两个字的组合呢？是“手”和“戈”。“我”字，竟然就是“每个人手上都拿着武器”，所以每个人都会“自我防卫”，保护自己。但是，在沟通时，人除了防卫自己之外，也要站在别人的立场来想。善用“同理心”，也学习控制自己的“舌头”，在适当的时候，说出一句漂亮的话；也在必要的时候，及时打住一句不该说的话。因此，我们必须学习“不要急着说、不要抢着说，而是要想着说”，绝对不要“逞口舌之快”而后悔，因为说出去的话是没有“橡皮擦”的。

另外，我们必须学习“情绪忍受力”和“挫折容忍力”，在我们碰到棘手的问题时，必须先静下来、勿冲动行事，也学习“先处理心情、再处理事情”，免得事情越弄越糟糕。有句话说：“生命的长度是上帝所给予的，但生命的宽度却把握在我们自己的手中。”的确，我们虽然不能控制生命的“长度”，但我们可以控制生命的“宽度”，我们可以在工作中，学习做更好的沟通，使人际关系更圆融，也使生命过得更漂亮、更有意义，不是吗？

■【案例4】

我曾经在职场区发过一篇《老板娘，我受够你了！》的文章，后来这篇文章真被老板娘看到了，事后她跟我说当时看到这篇文章的感觉不是生气，而是觉得伤心。因为她想不通为什么跟她一直相处融洽的我会是这样看她的。其实我并不是觉得她人不好，而是针对她工作中的一些态度和处理事情的方法有意见。说到底，是我们两个人之间的沟通没有做好。她感觉作为上司的她应该是很了解我的，而实际上她与我之间却存在着相当严重的沟通问题。当然，这件事情最后在我们深入的交谈之后得到了圆满解决。

据国外研究表明，受人欢迎的人一般具有如下特征：聆听重于表达、尊重别人的隐私、谦虚、犯错误时勇于承认及坦诚道歉、不为自己的不当行为找借口、不过分讨好别人、珍惜自己和别人的时间；而不受欢迎的个性特征主要有：不尊重他人、以自我为中心、过于功利、过于依赖、妒忌心强、自卑、偏激、退缩、内向不合群、充满敌意等。

交往和沟通的技巧不仅仅是一门学问，而且是一种艺术。这门学问包括人际交往所必须遵循的规范、礼仪、风俗、习惯，还包括沟通的技艺及谈话艺术等。例如，称呼要适当，登门拜访要有礼貌，喜庆节日要致意，谈话态度要诚恳，玩笑和幽默要掌握分寸等。此外，良好的交往态度和心理准备也是非常重要的。

从心理学角度看，改善人际关系的关键在于首先要学会换位思考，即用平常心看待自己的得失荣辱，不因自己情绪的变化而影响人际关系；一个人只有设身处地通过角色互换才能善解人意地去急别人之所急、痛别人之所痛。尊重别人，不干涉对方的隐私，不冒犯对方的个人空间。在自知的基础上建立起自尊和自信，扬长避短，更成熟地与别人相处。

2. 适应职场新环境是步入职场礼仪的前提

中华民族素有“礼仪之邦”的美誉，可谓历史悠久。礼仪是普通人修身养性、持家立业的基础，是一个领导者治理好国家、管理好公司或企业的基础。

生活里最重要的是以礼待人。在日常生活和工作中，礼仪能够调节人际关系，从一定意义上说，礼仪是人际关系和谐发展的调节器，人们在交往时按礼仪规范去做，有助于加强人们之间互相尊重，建立友好合作的关系，缓和与避免不必要的矛盾和冲突。一般来说，人们在受到尊重、礼遇、赞同和帮助时就会产生吸引心理，形成友谊关系，反之会产生敌对，抵触，反感，甚至憎恶的心理。

礼仪具有很强的凝聚情感的作用。礼仪是对人际关系的调节。在现代生活中，人们的相互关系错综复杂，在平静中会突然发生冲突，甚至会产生极端行为。礼仪有利于促使冲突各方保持冷静，缓解已经激化的矛盾。如果人们都能够自觉主动地遵守礼仪规范，按照礼仪规范约束自己，人际间感情就容易得以沟通，从而建立起相互尊重、彼此信任、友好合作的关系，有利于各种事业的发展。

3. 适应职场新环境是步入职场最高境界的前提

知道什么是职场的最高境界吗？快乐工作。知道现在上班族最流行什么吗？把爱好和工作合二为一。一次对全美国成功人物的调查说明94%以上的人都在做着他们最喜爱的工作。一个对于工作感到不满的人，不管他如何努力，绝不会有优越的表现。

三、适应职场新环境的要求

1. 树立准确的时间观念

作为刚毕业走上工作岗位的大学生，必须有严格的时间观念。因为贪睡和不守时，都将成为你工作和事业上的绊脚石，任何时候都一样。不仅要学会准时，更要学会提前。

2. 把自己的期望值定得现实一些

作为刚毕业的大学生初入职场新环境，大都对新环境、新岗位认识不足，不切实际，期望值过高。因为，初出校门的大学生，很多想法都是理想化的，与现实有较大的差距。因此，毕业生刚踏上工作岗位后，要尽量把期望值定得现实一些。

大学毕业生刚进入工作岗位，往往眼高手低，心高气傲，大事做不了，小事做不成。对工作中的不如意不从自己的主观方面找问题，而更多的是怨天尤人，处处表现出不满的情绪。这不仅会影响到自己工作的质量，更会影响到自己的前途和发展。那么，刚入职场的新人应该如何尽快适应环境呢？下列成功的案例也许能带来一些启发。

■【案例5】

董晓峰是南京航天航空大学经济法专业的毕业生，因为横跨经济和法律两个热门专业，当年他们专业的录取分数是整个人文学院最高的。毕业后她选择了一家民营企业石林装饰建材公司。记者见到她时，她正在为公司起草一份合同。她说，她已经上班一星期了；还介绍了两名同学到公司来。这段时间的见闻和经历，让她对选择民营企业就业有了更深的感受。

到公司面试那天的情景董晓峰一直记忆犹新。面试地址在公司新开的光华门石林广场。大楼下面3层是装饰材料商场，4楼是办公区，商场装修得很好，不仅有服务台，还安装了自动扶梯，而当她上了4楼，却大感意外：这里没有任何装修，有些地方甚至还是毛坯，她心里有些失望，便直接向总经理提出了自己的疑问，已闯荡商海10年的总经理跟她谈了自己创业的经历和体会，告诉她企业经营有主次重点，商场环境是为顾客服务的，装潢必须尽量周到，自己办公的场所能够开展工作就可以了，那些表面的豪华并没有太大必要，企业在不断发展中，事业要大家一起努力。一席话，让董晓峰感到坦诚而实在，她不再犹豫，两天后就开始上班了。

公司安排董晓峰先在办公室熟悉总体情况。一间大办公室里放着近10张桌子，主任和办事员坐在一起，有事直接商量，没有什么上下级的隔膜。分派给董晓峰的事情是起草与其他公司的经济合同、员工聘用合同等。虽然以前学校教过模拟合同，但合同条款很笼统，具体到实际经济往来中，还有很多事项需要根据法律规定细化，她说自己在一位老同志的辅导下学到了很多东西。董晓峰高兴地告诉记者，公司对自己很信任，把这么重要的事交给一个还在试用期的毕业生，真是给她创造了最佳的条件，而现在她也是越做越有信心。她以前在一些“铁饭碗”单位实习过，相比之下，她觉得在这种正处于发展中的民企里，能学到更多东西，自己可以和企业一起成长，发展的空间更大些。董晓峰的两位同学原本一直坚持要到律师事务所等单位，看到她工作得这么开心，也想进石林公司工作，正在与公司领导接触呢。

■【案例 6】

2009 年 23 岁的金桐毕业没有休假，7 月 1 日就来到五矿国际货运江苏分公司上班了。他学了四年外贸英语，现在是一名海运部业务员，平时主要的工作是帮助客户进行贸易代理，包括联系客户、开具凭单、确定装船发货时间等。

参加工作一个月，金桐体会最深的是尽管工作上手还比较容易，但要想做好绝不是一朝一夕的事，必须脚踏实地。由于刚入门，金桐认识的客户不多，大部分时间都是跟着师傅出去跑，向师傅学习怎样接洽业务，自己所能做的就是去银行拿汇票，送汇票，提着货样到商检局进行检测。虽然这些与他学习外贸英语时想象中的大型贸易有很大差别，但金桐还是干劲十足。他说：“做业务不像背书，自己突击一下短时间内就能提高，要做一个优秀的业务员，必须从“跑腿”这些最基础的工作做起，慢慢积累，我的师傅都是做了很多年才有了丰富的经验，建立起自己的业务关系网，好高骛远以后会吃苦头的。”

刚到单位不久，金桐有了几次独立出差的机会。让他记忆犹新的是第一次出门到江阴：那次是要送一张 600 万元的汇票到江阴，离开南京前，我先到中兴银行取汇票，但银行经理看到来的是一个从没见过的小伙子很不放心，当即打电话到公司，还好单位领导说应该给我一个锻炼的机会。坐上从南京到江阴的车，2 个小时我一个盹儿都没敢打，第一次带这么大数目的汇票可大意不得。办完事下午 5 点回南京，又带回来 20 万元汇票。金桐感慨地说，看起来送汇票是简单的事，要做好也不容易。金桐现在经常出差，即使是高温天气也有 1/3 时间在外面跑，人晒得很黑。说到现在对工作有什么希望，他的回答让人有些意外：就怕闲下来坐在办公室里，最好尽量让我多出门，多在外面跑跑。金桐充满信心地说，成为一个合格的业务员还有很多欠缺，但只要一点点学，功到自然成。

董晓峰和金桐作为刚走上工作岗位的大学毕业生，他们之所以能够很快适应自己所从事的职场环境，是因为他们有工作的积极性和勤劳踏实的个性。

江苏省人才流动服务中心人才招聘部副部长张大勇说，刚走上工作岗位的大学毕业生首先要有工作的积极性，只有勤动手勤动脑才能尽快入门。其次，既要有理想，也要有踏实的脚步，千万不能因为工作简单或重复劳动就不屑一顾，只有从最基本的做起，一点点积累，才能为以后的工作建立坚实的平台。此外，从书本中学到的知识与实践的融合需要一段时间，即使自己在学校是个高材生，知识水平比一些老同志高出许多，在实际工作中也仍有许多需要向老同志学习的地方。而且现在的知识更新速度极快，毕业生们要不断充电，否则很快便会落伍。

3. 要学会坚持

对职业现状不满，对未来迷茫，对自身认知模糊，感到失望、无助，感叹生不逢时。我们身边有太多这样的案例。

通过下面的文字，让我们一边看具体的案例，一边看向阳生涯首席职业规划师洪向阳先生的点评。作为专业人士，洪老师又是怎么看待案例中的现象？再感受一下，我们是否要学会坚持？

■【案例7】

我是2007届本科毕业生，英语过了6级。虽然只是一年的时间，但我已经换了3份工作，现在正在找第四份工作。发出去的简历如石沉大海。即便有面试，也是一听公司名字就不想去了。其实我也不是喜欢跳槽，我很想找一家合适的单位稳定下来，但每次辞职都是被迫的。

第一份工作，我面试前就准备干1个月就走，因为当时刚毕业，没有积蓄，被迫随便找了个工作糊口。但后来，由于各种原因，我干了3个月后才辞职。

专家点评：过于功利的行为，是对自己不负责，也对企业不负责。

第二份工作，在外贸市场当英语导购，我觉得待遇还行，准备长干，但3个月后我又不得不辞职，一是工作时间太长，1天12个小时，1个月就1天休息；二是工作环境不好，整天挨骂受气；三是周围都是初、高中生，我心里感觉不平衡。

专家点评：在对岗位、对企业、对行业都不太了解的情况下贸然进入，心态也未能做好充分准备，心里不平衡也算正常。吃苦和享受心态没有摆平，要知吃得苦，才能胜得出。

第三份工作，我更是准备长期干，结果也是三个月，原因是我不满公司6个月的试用期，3年的合同规定。我不想签那么长时间的合同，而且即使是3年的合同，如果没超过3年，按新劳动合同法也应该不超过2个月的。而且工资也不高，才1 700多元，提升的希望很小，还不能肯定6个月后我不被公司炒。

专家点评：你不把工作当一回事，工作也就不会把你当一回事。这里所说的试用期、合同期、待遇等在入职时你与用人单位就应该说清楚的，就算用人单位没说清，你也应该很快清楚具体的情况，并做出选择。

我辞职虽然有各种原因，但也有共性，就是工资总是太低，都在1 800以下，而且提升的机会不大。我想找个和英语有关的工作，听、说、读、写、译都行，我都有相关的经验，工资2 500元左右，不能低于2 000元。可是我为什么就找不到呢？我的英语水平也不低，我也是正规本科院校毕业的，我的工作经验都和英语有关的。我该怎么办呢？我到底哪错了？

专家点评：扪心自问，你凭什么得到更高的工资？你能给企业创造多少价值？就算你所说英语读、写、译都行，那究竟在哪个方面更专长些？可以在哪个领域去应用？你有什么资格让企业认为你在这些方面真的都行？就算真行，以你这么频繁的跳槽，这种对待自己职业生涯的态度，企业从成本上考虑，还敢用你吗？

【资料链接】

建立良好人际关系有方法

1. 接受别人

每个人生存发展的现实价值并不是凭个人主观感觉判断而定的，而是要看他在多大程度上与社会需要达到和谐统一。

对于每个年轻人来说，你的发展与别人是息息相关的，你的每一个目标的制定，乃至追求事业的动力，都必须来自社会的需要，才能不断把人生推向更高的价值层次，因此，你只有接受别人，社会才能接受你的存在。

2. 关注别人

每个人都是一个独立的个体，一个人只有像关注自己一样去关注别人，别人才会给你同样的回报。

3. 理解别人

社会是所有个体的存在，一个人只有像理解自己存在一样去理解别人存在的意义，社会才能够接纳你。

4. 包容别人

每个人都有自己的爱憎，个人的爱憎只属于自己，万不可以强加于他人，重要的是不要带着感情看待世界。生活是一本“活词典”，你读懂了别人，你就会打开别人的“交际密码”，获得最大的信任和支持，帮助你的人就会越来越多。

5. 引导对方谈得意之事

任何人都有自己得意的事情，但是，再得意、再自傲的事情，如果没有他人的询问，自己说起来也无兴致。因此，你如果能恰到好处地提出一些相关的问题，定能使对方敞开心扉，畅所欲言，这样你和他的关系也会融洽起来。

6. 找出与对方的共同点

任何人都有这样一种心理特征，比如，同一故乡或同一母校的人，往往会不知不觉地亲密地联系在一起，故同乡会、校友会应运而生。特别是女性，常因血型、爱好等相同而产生共鸣。如果你得到对方的好感，就可以利用此种办法，找出与对方拥有的某种共同点。这样，即使你与对方只是初次见面，也会无形之中增加亲切感，在不知不觉中缩短了心理的距离，使双方很容易推心置腹。

7. 表现出自己关心对方

主动表现出自己关心对方，必然能赢得对方的好感。为了有这样的表示，平时可多注意收集周围一些人的资料，以便在接触他时或是主动邀请他见面时，适当表示你的关心。这不仅是一种礼貌，也是满足他人的自尊心，使他感受到你的诚意和热忱的良好方法。另外，记住对方说的话，事后再提出来当话题，也是表示关心的做法之一。尤其是兴趣、爱好、梦想等，对对方来说，是最重要的、最有趣的事情，一旦提出来做话题，对方一定会觉得很愉快。

8. 敬重别人，注重细节

古人云：“敬人者，人恒敬之；爱人者，人恒爱之。有爱敬之诚，动获人之心，而道无不通也。”

年轻人要想赢得别人尊重，必须先尊重别人，因为尊重别人就是尊重自己，只有以自己的人心推之公众之心，才能处理好自己和周围人的关系。

下面的案例也许能给我们一些启发：

有一次，一位著名企业家在报纸上刊登了招聘秘书的广告。广告登出后，应聘者络绎不绝，这位企业家只挑了一个没有简历的人，人们大惑不解地问："我想知道，你为什么要选择这个没有简历的女孩呢？"

企业家笑了，说："她虽然没有简历，但她在很短的时间内就给了我最好的表现，她在前台对所有人彬彬有礼地打了声招呼，随后又关上了房门，可见她的细心；她把座位让给了另一位应聘者，可见她是善良和有爱心的；当她和我说话时，听到电话铃响就默默无语，然后等我接完电话又敏捷地对问题做出回答，可见她不仅有礼貌而且有水平。此外，我还看见她走时将几个废弃的纸杯拿起来扔进门口的垃圾桶，其他的应聘者全都喝完水就不管了，没有人懂得这些小节，而且她穿着是那么得体，一切动作都是那么优雅，还用她带什么简历，这些实实在在的表现，比什么都让我觉得可靠。"

9. 与人为善，广结善缘

现实生活中，对每个年轻人来说，在某种场合和陌生人相识，与新朋友攀谈，大都是难得的交际时机，"相逢何必曾相识"，大胆主动地与人交往显示出你的自信、热情与才华，你在热情开放的交往过程中，不仅可以显露出自己的魅力，还必然赢得别人最好的反映。

被誉为"世界景泰蓝大王"的陈玉成，其创业经历有着传奇的色彩，而他成为亿万富豪的第一步，竟然得益于一件偶然的小事。20 世纪 70 年代，陈玉成仅仅带了 50 元钱，到香港当了一名建筑工人。

有一天，他在公园里，看见一位妇女带着孩子荡秋千，因为她的力量小，不能将秋千荡起来，他就走上前去帮助推，将秋千荡得高高的，孩子玩得特别高兴，这位妇女也特别高兴，就和他攀谈起来，在交谈中，得知对方是印尼华侨，其夫在印尼驻香港领事馆工作。

在公园与那位太太相遇后的第五天，陈玉成遇见了一位印尼华侨，无意中得知对方遇到了困难，由于领事馆的商业签证问题遇到麻烦，一批准备运回的货物迟迟不能起运，心急如焚。

看到对方为难的样子，陈玉成突然想起了在公园里认识的那位妇女，就自告奋勇地表示愿意跑一趟，看看能否帮上忙。

没有想到，在那位妇女的家里，陈玉成获得了热情接待，这位妇女将陈玉成引见给她的丈夫，并一直夸奖陈玉成是一个不错的人，希望能帮他一把，她丈夫了解情况后，没费什么周折，补了一些手续就将此事促成了。

那位印尼华侨感激万分，立即拿出一笔不小的资金作为酬谢，陈玉成有了这笔启动资金，从此在商海中扬起了风帆。

10. 记住对方"特别的日子"

当你得知对方的结婚纪念日、生日时，要一一记下来，到了那一天，要打电话表示祝贺。虽然这只是一个电话，但往往可以给对方留下深刻的印象。尤其是本人都经常忘记的纪念日，一旦由他人提起，心中的喜悦是难以形容的。

【能力拓展】

1. 进入职场以后，各种各样以前从未遇到的挫折会接踵而至，迷茫、困惑、怀疑，甚至放弃，这个时候你会选择什么？

2. 不少职场新人在刚刚遭受一点挫折之后，可能马上就会把打通职业发展道路的希望寄托在跳槽上，而这种做法的成功率你认为有多高？

3. 对于刚进入职场的新人而言，他们如何调整自己的职业心态，客观地分析自己的职业发展难题呢？

情境15：职场能力测评

一、你适合做什么工作

测试：

要知道找工作只为了挣钱、养家糊口，一份自己不喜欢干或是能力达不到的工作都会让你感觉压力很大，让你有干不下去的想法；只有自己喜欢而且力所能及的工作干起来才会如鱼得水。那么，你知道自己适合干什么工作吗？

下面20道题，只需答“是”或“否”，你也许就能找出答案来。

第一组：

1. 就你的性格来说，你喜欢和比你年轻的人在一起。

A. 是　　B. 否

2. 你心目中的丈夫（或妻子）应具有与众不同的见解和活跃的思维。

A. 是　　B. 否

3. 对别人求助于你的事情，你总是非常愿意帮助解决。

A. 是　　B. 否

4. 你做事情考虑较多的是速度和数量，而不是在精雕细琢上下工夫。

A. 是　　B. 否

5. 你喜欢新鲜这个概念，例如新环境、新旅游点、新朋友等。

A. 是　　B. 否

6. 你讨厌寂寞，希望与大家在一起。

A. 是　　B. 否

7. 你上学的时候比较喜欢文科。

A. 是　　B. 否

8. 你喜欢改变某些生活习惯，使自己有一些充实的时间。

A. 是　　B. 否

9. 你讨厌那些零散、琐碎的事情。

A. 是　　B. 否

10. 当你进入招聘员工的经理室，经理抬头看了你一眼，说声“请坐”，然后就埋头继续阅读他的文件不再理你，可你一看旁边并没有座位，这时，你没有站在那里等，而是悄悄搬来一把椅子坐下，等经理说话。

A. 是　　B. 否

第二组：

11. 你上学的时候很喜爱算术课。

A. 是　　B. 否

12. 看完一场电影,你喜欢独自思考其内容,而不喜欢与别人一起谈论。

A. 是　　B. 否

13. 你书写整齐清楚,很少写错别字。

A. 是　　B. 否

14. 你不喜欢读长篇小说,而喜欢议论文、笑话或散文。

A. 是　　B. 否

15. 业余时间,你爱做智力测验、智力游戏一类题目。

A. 是　　B. 否

16. 墙上的画挂歪了,你看了不舒服,总要想办法将它扶正。

A. 是　　B. 否

17. 收音机、电视机发生故障,你喜爱自己动手修理。

A. 是　　B. 否

18. 做事情,你喜欢做得精益求精。

A. 是　　B. 否

19. 你对一种服装的评价是看它的设计而不大关心它是否流行。

A. 是　　B. 否

20. 你对经济开支能控制,很少有“月初松、月底空”的现象。

A. 是　　B. 否

评分标准及结论分析:

如果第一组答案中选 A 的比第二组多 2 个以上为第一类,如果第二组答案中选 A 的比第一组多 2 个以上为第二类;如果两组答案中选 A 的差不多为第三类。

第一类:你最大的长处是思想活跃、善于与人交往。你喜欢把自己的想法让别人去实现,或者与大家共同去实现。适合你的职业是记者、演员、推销员、采购员、人事干部等。

第二类:你有耐心、谨慎,爱思考钻研,是个精深的人。适合你的职业有编辑、律师、医生、技术人员、工程师、会计师、科学工作者等。

第三类:你具备上述两种类型人的长处,不仅能独立思考,也能维持、处理良好的人际关系。供你选择的职业包括教师、护士、秘书、美容师、理发师、各类管理人员等。

点评:

事业称心如意的秘密在于做你最想做的事。只有少数几个幸运儿发现了这一秘密,而相当一部分人还困在一种矛盾的心理挣扎中,不知道自己能做什么、自己或别人认为我们该做什么或自己认为自己想做什么。我们认为,只要你能细想自己是什么样的人,其余的一切也就自然地水到渠成了。

二、职业兴趣测试

测试:

请你仔细阅读下面的问题,对于每项活动,如果你的回答是肯定的话,就在“是”一栏中打

"√"；如果你的回答相反的话，则在"否"一栏中打"√"。最后把"是"一栏的回答次数相加，填入"总计次数"一栏中。

第一组：

1. 你喜欢自己动手修理收音机、自行车、缝纫机、钟表一类器具吗？

A. 是　　B. 否

2. 你对自己家里使用的电扇、电熨斗、缝纫机等器具的质量和性能了解吗？

A. 是　　B. 否

3. 你喜欢动手做小型的模型（如滑翔机、汽车、轮船、建筑模型等）吗？

A. 是　　B. 否

4. 你喜欢与数字、图表打交道（如记账、制表、制图）一类的工作吗？

A. 是　　B. 否

5. 你喜欢制作工艺品、装饰品和衣服吗？

A. 是　　B. 否

总计次数：__________

第二组：

1. 你喜欢给买东西的人当顾问吗？

A. 是　　B. 否

2. 你喜欢参加集体活动吗？

A. 是　　B. 否

3. 你喜欢接触不同类型的人吗？

A. 是　　B. 否

4. 你喜欢拜访别人，爱与人讨论各种问题吗？

A. 是　　B. 否

5. 你喜欢在会议上积极发言吗？

A. 是　　B. 否

总计次数：__________

第三组：

1. 你喜欢不被干扰地、有规律地从事日常工作吗？

A. 是　　B. 否

2. 你喜欢对任何事情都预先做周密的安排吗？

A. 是　　B. 否

3. 你善于查阅字典、辞典和资料索引吗？

A. 是　　B. 否

4. 你喜欢按固定的程序有条不紊地工作吗？

A. 是　　B. 否

5. 你喜欢把事情分类和归档地工作吗？

A. 是　　B. 否

总计次数：__________

第四组：

1. 你喜欢倾听别人的烦恼并乐于帮助别人解决困难吗？

A. 是　　B. 否

2. 你愿意为残疾人服务吗？

A. 是　　B. 否

3. 在日常生活中，你愿意给人们提供帮助吗？

A. 是　　B. 否

4. 你喜欢向别人传授知识和经验吗？

A. 是　　B. 否

5. 你喜欢医生和照顾病人的工作吗？

A. 是　　B. 否

总计次数：__________

第五组：

1. 你喜欢主持班级集体活动吗？

A. 是　　B. 否

2. 你喜欢接近领导和老师吗？

A. 是　　B. 否

3. 你喜欢在人多时当众发表自己的观点和意见吗？

A. 是　　B. 否

4. 如果老师不在时，你能主动维持班里学习和生活的正常秩序吗？

A. 是　　B. 否

5. 你具有强烈的责任感和工作魄力吗？

A. 是　　B. 否

总计次数：__________

第六组：

1. 你特别爱读文学著作中对人内心世界的细致描写吗？

A. 是　　B. 否

2. 你喜欢听人们谈论他们的活动和想法吗？

A. 是　　B. 否

3. 你喜欢观察和研究人的心理和行为吗？

A. 是　　B. 否

4. 你喜欢阅读有关领导人、政治家、科学家等名人传记吗？

A. 是　　B. 否

5. 你很想了解世界各国的政治和经济制度吗？

A. 是　　B. 否

总计次数：__________

第七组：

1. 你喜欢参观技术展览会或收听（收看）技术新消息的节目吗？

A. 是　　B. 否

2. 你喜欢阅读科技杂志（如《我们爱科学》、《科学 24 小时》、《科学动态》等）吗？

A. 是　　B. 否

3. 你想了解生机勃勃的大自然的奥秘吗？

A. 是　　B. 否

4. 你想了解如何使用科学精密仪器和电子仪器的工作吗？

A. 是　　B. 否

5. 你喜欢复杂的绘图和设计工作吗？

A. 是　　B. 否

总计次数：__________

第八组：

1. 你想设计一种新的发型或服装吗？

A. 是　　B. 否

2. 你喜欢创作图画吗？

A. 是　　B. 否

3. 你尝试着写小说或剧本吗？

A. 是　　B. 否

4. 你很想参加学校宣传队或演出小组吗？

A. 是　　B. 否

5. 你爱用新办法、新途径解决问题吗？

A. 是　　B. 否

总计次数：__________

第九组：

1. 你喜欢操作机器吗？

A. 是　　B. 否

2. 你很羡慕机械类工程师的工作吗？

A. 是　　B. 否

3. 你想了解机器的构造和工作性能吗？

A. 是　　B. 否

4. 你喜欢交通驾驶一类的工作吗？

A. 是　　B. 否

5. 你喜欢参观和研究新的机器设备吗？

A. 是　　B. 否

总计次数：__________

第十组：

1. 你喜欢从事具体的工作吗？

A. 是　　B. 否

2. 你喜欢做很快就能看到产品的工作吗？

A. 是　　B. 否

3. 你喜欢做能让别人看到效果的工作吗？

A. 是　　B. 否

4. 你喜欢做那种在短时间内可以做得很好的工作吗？

A. 是　　B. 否

5. 你喜欢做有形的事情（如编织、烧饭等）而不喜欢抽象的活动吗？

A. 是　　B. 否

总计次数：__________

评分标准及结论分析：

根据对每组问题选 A 的总次数，填写下表。

组别	选 A 的总次数	相应的兴趣类型序号
第一组		兴趣类型 1
第二组		兴趣类型 2
第三组		兴趣类型 3
第四组		兴趣类型 4
第五组		兴趣类型 5
第六组		兴趣类型 6
第七组		兴趣类型 7
第八组		兴趣类型 8
第九组		兴趣类型 9
第十组		兴趣类型 10

通过上组训练，找出你的兴趣类型，在选 A 的总次数一栏中，次数越高，相应的兴趣类型就越符合你的职业兴趣特点；次数越低，相应兴趣类型越不符合你的职业兴趣的特点。然后对照各种兴趣类型所对应的职业，确定你的职业生涯。

兴趣类型 1——愿意与事物打交道。

这种类型的人不喜欢从事与人和动物打交道的职业，而是喜欢同事物打交道（如工具、器具或数字）的职业。相对应的职业有制图员、修理工、裁缝、木匠、建筑工、出纳员、记账员、会计等。

兴趣类型 2——愿意与人接触。

这种类型的人喜欢与人接触的工作，喜欢从事销售、采访、传递信息一类的活动。相对应的职业有营业员、记者、服务员、推销员等。

兴趣类型 3——愿意做有规律的工作。

这种类型的人喜欢常规的、有规律的活动，在预先安排的条件下做细致工作。相对应的职业有图书馆管理员、邮件分拣员、办公室职员、档案管理员、打字员、统计员等。

兴趣类型 4——愿意从事社会福利和助人的工作。

这种类型的人乐意帮助别人，试图改善他人的状况，喜欢与人接触。相对应的职业有医生、律师、护士、咨询人员等。

兴趣类型 5——愿意做管理和组织工作。

这种类型的人喜欢管理工作，能够掌控一些事情，他们在企、事业单位中起着重要的作用。相对应的职业有大学辅导员、行政人员、管理人员等。

兴趣类型 6——愿意研究人的行为。

这种类型的人喜欢谈论涉及人的主题，他们爱研究人的行为举止和心理动态。可从事与心理学、人类学、政治学等相关的工作。

兴趣类型 7——愿意从事科学技术事业。

这种类型的人喜欢分析的、推理的、测试的活动，擅长理论分析，喜欢独立解决问题，也喜欢通过实验获得新发现。可从事生物学、物理学、工程学、化学等相关的工作。

兴趣类型 8——愿意从事抽象和创造性的工作。

这种类型的人喜欢从事有想象力和创造力的工作，爱创造新的式样和概念。相对应的职业有演员、设计人员、创作人员等。

兴趣类型 9——愿意做操纵机器的技术工作。

这种类型的人喜欢运用一定的技术，操纵各种机械，制造产品完成其任务。相对应的职业有机床工、飞行员、驾驶员等。

兴趣类型 10——愿意从事具体的工作。

这种类型的人喜欢制作看得见、摸得着的产品，希望很快看到自己的劳动成果，他们从完成的产品中得到自我满足。相对应的职业有厨师、园林工、美容师、室内装饰工、理发师等。

三、你的敬业精神如何

本测试旨在测测你的敬业程度。本题由一系列陈述句组成，请仔细阅读，按要求选择最符合自己情况的答案。

以下每题有三个选项：A. 不符合　　B. 基本符合　　C. 完全符合

1. 不拿公共财物；
2. 在规定的休息时间后，及时返回学习或工作场所；
3. 看到别人有违反学校或公司规定的举动，能及时阻止；
4. 能够保守秘密；
5. 从不迟到、早退；
6. 不做有损学校或公司名誉的任何事情；
7. 不管能否得到相应奖励，都能积极提出有利于集体的意见；
8. 关心自己和同学的身心健康；
9. 愿意承担更大的责任，接受更繁重的任务；
10. 对外界人士积极宣扬自己所在的集体；
11. 把集体的目标放在第一位；

12. 乐于在正常的学习、工作时间之外自动自发地加班加点；
13. 业余时间学习与工作有关的技能，加强职业素养学习；
14. 在工作时间里不做一切有碍工作的事情；
15. 为保证工作或学习绩效，善于劳逸结合，调节身心；
16. 积极寻找途径获得外界对自己所在集体的支持；
17. 对集体的使命有清晰的认识，认同集体的价值观；
18. 能享受学习和工作中的乐趣；
19. 老师或领导布置的任务，即使有困难，也会想方设法完成而不是敷衍了事；
20. 积极参加集体组织的各项活动。

说明：

A 选项为 1 分，B 为 3 分，C 为 5 分。

40 分以下，敬业度较低；

40 ~ 60 分，敬业度一般；

60 ~ 80 分，敬业度上等；

80 分以上，敬业度优异。

四、你善于交际吗

美国著名教育家卡耐基先生曾指出：一个人事业的成功，只有 15% 是由他的专业技术决定的，另外的 85% 则要靠人际关系。你想知道自己善于交际吗？请回答下面的问题。

1. 一位朋友邀请你参加他（她）的生日。可是，任何一位来宾你都不认识，你会：

A. 借故拒绝，告诉他（她）“那天已经有别的朋友邀请过我了”

B. 愿意早去一会儿帮助他（她）筹备生日宴会

C. 非常乐意借此机会去认识他们

2. 在大街上，一位陌生人向你询问到超市的路怎么走。这是很难解释清楚的，况且，你还有急事，你会：

A. 让他去向远处的警察打听

B. 尽量简单地告诉他

C. 把他引向超市的方向

3. 你堂弟到你家来，你已经有两个月没有见到过他了。可是，这天晚上，你正在看一部非常精彩的连续剧，你会：

A. 把电视开着，并与堂弟谈论

B. 说服堂弟与你一块看电视

C. 关上电视机，让堂弟看你在假期中的照片

4. 你父亲给你寄钱来了，你会：

A. 把钱搁在一边

B. 买一些东西，如油画、一盏漂亮的灯，装饰一下你的卧室

C. 和你的朋友们小宴一顿

5. 你的邻居，让你照看一下他们的孩子。孩子醒后哭了起来，你会：

A. 关上卧室的门，到餐厅去看书

B. 看看孩子是否需要什么东西，如果他无故哭闹，就让他哭去，因为你知道他会停下来的

C. 把孩子抱在怀里，哼着歌曲让他入睡

6. 如果你有时间，你喜欢做的是：

A. 呆在卧室里听音乐

B. 独自逛街买东西

C. 与朋友一起看电影，并与他们一起讨论一些无关紧要的事情

7. 当你同事生病住院时，你常常是：

A. 有空就去探望，没有空就不去了

B. 只探望同你关系密切者

C. 主动探望

8. 在你选择的朋友中，你发现：

A. 你只能与同你趣味相同的人友好相处

B. 兴趣、爱好不相同的人偶尔也能谈谈

C. 一般来说，你几乎能同任何人都合得来

9. 朋友请你去玩或唱歌，你往往：

A. 断然回绝

B. 找个借口推辞掉

C. 饶有趣味地欣然应邀

10. 对于他人对你的依赖，你的感觉是：

A. 避而远之，我不喜欢结交依赖性强的朋友

B. 一般而言，我并不介意，但我希望我的朋友们能有一定的独立性

C. 很好，我喜欢被人依赖

结论分析：

选 A 为 1 分，选 B 为 2 分，选 C 为 3 分。

如果你的得分在 26 ~ 30 分：说明你非常善于交际，你的伙伴们都非常喜欢你，你总是面带笑容，为别人考虑比为自己考虑要多，朋友们为有你这样一位朋友而感到幸运。

如果你的得分在 16 ~ 25 分：说明你不喜欢独自一个人呆着，你需要朋友围在身边。你非常喜欢帮忙，如果这不花费你太多精力的话。

如果你的得分在 15 分以下，你常常置身于众人之外、仅仅为自己而活着。你是一位利己主义者，要想有很多朋友，那就从你的“贝壳”中走出来吧！

参考文献

[1] 卜凡鹏主编.优秀员工成长金典.北京:民主与建设出版社,2007.

[2] 杨立军编著.用奥运精神打造精英员工.北京:机械工业出版社,2008.

[3] 曹军主编,职场能力测试.北京:中国纺织出版社,2007.

[4] 王剑、王政主编.悟透底牌.北京:现代出版社,2007.

[5] 李慧波.团队精神.北京:新华出版社,2004.

[6] 赵效编.工作鸡汤.北京:中央编译出版社,2003.

[7] 杨千朴主编.职业素养基础.北京:中国时代经济出版社,2007.

[8] 李家华、黄天贵主编.职业指导.北京:高等教育出版社,2005.

[9] 戴尔逊著.热忱能成大事.北京:中国物资出版社,2004.

[10] 李振东编著.青年谋世的120个黄金法则.北京:金城出版社,2008.

[11] 马银春编著.只有想不到 没有做不到.北京:中国物资出版社,2008.

[12] 张晓梅著.晓梅说礼仪.中国青年出版社,2008.

[13] 吕一中、杜新安、薄爱敬编.职业道德教育与就业指导,北京师范大学出版社,2006.

郑重声明